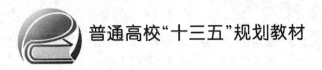

普通高校"十三五"规划教材

模拟电子技术基础实践

主　编　林善明

副主编　李书旗　江冰　刘艳

北京航空航天大学出版社

内 容 简 介

模拟电子技术是一门技术发展快、教学方法灵活、理论联系实际要求很高的课程,是培养学生综合运用电子技术基础知识,提高创新能力、独立分析问题和解决问题能力的一门重要的课程。在编写本教材过程中,编者力求内容丰富、新颖实用,以满足模拟电子技术实践教学的要求。

从加强实践教学环节出发,本书将不同的实验和实践教学按类型分成三个部分,共 28 个实验,其中基础性实验 12 个,提高性实验 6 个和创新性实验 10 个。另外,为了增加学生实践知识的系统性,在书的最后增加了附录。

本书可作为高等学校电气类、电子信息类、自动化类、计算机类等专业模拟电子技术实践课程的本科教材,也可作为相关专业工程技术人员的参考书。

图书在版编目(CIP)数据

模拟电子技术基础实践 / 林善明主编. -- 北京 :
北京航空航天大学出版社,2015.8
ISBN 978 - 7 - 5124 - 1868 - 4

Ⅰ. ①模… Ⅱ. ①林… Ⅲ. ①模拟电路－电子技术－
教材 Ⅳ. ①TN710

中国版本图书馆 CIP 数据核字(2015)第 193876 号

模拟电子技术基础实践

主 编 林善明

副主编 李书旗 江冰 刘艳

责任编辑 金友泉

*

北京航空航天大学出版社出版发行

北京市海淀区学院路 37 号(邮编 100191) http://www.buaapress.com.cn
发行部电话:(010)82317024 传真:(010)82328026
读者信箱:goodtextbook@126.com 邮购电话:(010)82316936
北京泽宇印刷有限公司印装 各地书店经销

*

开本:710×1 000 1/16 印张:9.25 字数:197 千字
2016 年 1 月第 1 版 2016 年 1 月第 1 次印刷 印数:3 000 册
ISBN 978 - 7 - 5124 - 1868 - 4 定价:20.00 元

前　言

电子技术是当代高新技术的先导,各国十分重视并将其放在优先发展的产业行列。模拟电子技术是工学门类——电气类、电子信息类、自动化类等多学科专业重要的专业基础必修课程,又是大多数高校研究生入学考试课程中的一门理论性强,内容体系紧密,强调技术性和应用性的课程。在新形势下,高校不断探索人才培养新模式,对于工学门类人才培养,应强调以培养专业基础扎实、应用能力强、善于开拓实践的工程型人才为目标,重视工程意识、工程实践能力和工程素养的培养,以适应未来工业发展的挑战。

为适应时代需求,针对模拟电子技术实践教学要求,组织编写了《模拟电子技术基础实践》教材。各编者长期从事教学工作,尤其在电子技术教学方面积累了较丰富的经验。本次的编写对原有实践教材进行了全面系统地修改,包括更新软件,增加新技术、新器件,体现原理→系统实验→应用实践三个层次,既包括硬件系统实验,又有软件仿真实验,同时还包括研究性课题。全书在安排上既考虑了与理论教学保持同步,又考虑了培养学生能力的循序渐进过程。在加强学生实践动手能力的同时,对每一个基础实验都引入了电子电路仿真的内容,丰富了实验手段,并增加了设计性、综合性实验内容,注重教学内容的多样性,适用面宽,实践性和应用性强。

本书与江冰、林善明等编著的《模拟电子技术》是模拟电子技术的理论教学与实践教学的姊妹教材。本教材共四个部分:基础型实验、提高型实验、研究型教学实践和附录。第1章以电子电路基本原理实验为主,检验对电子电路基础理论和基本实验方法的掌握情况;第2章为提高性实验,实验内容新颖实用,具有系统性、设计性、复杂性,检验学生的工程设计能力和创新思维能力;第3章是研究性教学实践,要求学生在实验教学的基础上,综合运用所学知识,完成小型系统的设计制作任务,包括确定设计方案、电路选择、元件参数的计算、电路的安装与调整、组织仪器进行指标测试直至写出综合实验报告。最后,在附录中编入了模拟电路实验的基础知识、常用仪器及软件的使用,以供查阅。

文中带"＊"的部分可作为选做内容。

本书由林善明任主编,李书旗、江冰、刘艳任副主编,蔡昌春、单鸣雷、路正莲参编,全书由林善明、江冰策划,并修改审稿。第1章由李书旗和刘艳编写;第2章由李书旗和路正莲编写;第3章由蔡昌春编写;附录由李书旗、刘艳、路正莲编写。

在编写过程中,得到了河海大学物联网工程学院朱昌平教授等老师的大力支持和热情帮助,在此表示衷心感谢。由于编者水平有限,加之时间仓促,编写错误在所难免,对书中不足之处,恳请读者批评指正。

编　者

2015 年 9 月

目　　录

第1章 模拟电子技术基础型实验

实验一 常用电子仪器的使用

一、实验目的

① 掌握实验室常用电子仪器的正确使用方法。

② 能用示波器正确观察各种信号的波形及其幅度和频率(时间)。

③ 能正确使用函数信号发生器,并识别分贝(dB)的实用意义。

④ 掌握示波器、信号发生器、毫伏表三者配合进行测量的方法。

二、预习要求

① 阅读三种仪器(示波器 DS1052E、毫伏表 CA2171 型、低频信号发生器 GFG-8219 型)使用说明书。

② 阅读附录 B、附录 D 及本实验内容和步骤。

三、实验原理

本实验采用的三种常用电子仪器为:信号发生器(GFG-8219)、晶体管毫伏表(CA2171)和示波器(DS1052E)。三种仪器之间的连线方式如图 1-1 所示。

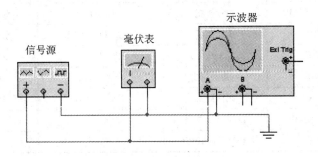

图 1-1 测量仪器连接图

① 低频信号发生器用来产生 1 Hz~3 MHz 的正弦波信号、脉冲信号和逻辑信号(TTL)。输出电压有效范围为 0.05 mV~7 V。脉冲信号的幅度和宽度连续可调,频率用数码管显示。

② 毫伏表用来测量电压大小。根据实验选定的信号频率和幅度的范围,选用

CA2171 型毫伏表的量程。它能测量频率为 10 Hz～2 MHz、幅度为 30 μV～100 V 的正弦信号电压（以有效值指示）。

③ 示波器是一种用来观察各种周期电压（或电流）波形的仪器。能观察到的最高信号频率主要取决于示波器 Y 轴通道的频带宽度。本实验采用双通道通用示波器，用以观测频率为 10 Hz～50 MHz 的各种周期信号。为了减小示波器的输入阻抗对被测信号的影响，被测信号可以通过探头加到 Y 轴放大器的输入端。示波器探头有 10：1 衰减和 1：1 两种。

四、实验器材

低频信号发生器	1 台
数字示波器	1 台
晶体管毫伏表	1 台
万用表	1 只

五、实验内容与方法

1. DS1052E 数字示波器的使用

(1) 仪器面板各控制位置的调节

打开电源开关前先检查输入电压，将电源线插入后面板上的交流插孔，各个控制键的含义如表 1-1 所列。

表 1-1 仪器面板控制键的含义

控制键图标或字母	控制键的含义	控制键图标或字母	控制键的含义
⏻	电源开关	多功能旋钮	多功能旋钮
AUTO、RUN/STOP	执行按钮	TRIGGER	触发控制区
MEASURE	自动测量	HORIZONTAL	水平控制区
ACQUIRE	设置采样方式	VERTICAL	垂直控制区
STORAGE	存储和调出	⊓ ⊓	探头补偿
CURSOR	光标测量	EXT TRIG	外部触发
DISPLAY	设置显示方式	CH1(X)	通道 1
UTILITY	辅助系统设置	CH2(Y)	通道 2

(2) 功能检查

打开电源，将示波器探头与通道 1（CH1）连接，探头上的开关设定为 10×。按 CH1 功能键显示通道 1 的操作菜单，应用与探头项目平行的 3 号菜单操作键，选择与使用的探头同比例的衰减系数（此时设定应为 10×）。把探头端部和接地夹接到探头补偿器的连接器上。按 AUTO（自动设置）按钮，几秒钟内，可见到方波显示。

以同样的方法检查通道 2(CH2)。按 OFF 功能按钮或再次按下 CH1 功能按钮以关闭通道 1,按 CH2 功能按钮以打开通道 2,重复上述步骤。

注意: 探头补偿连接器输出的信号仅作探头补偿调整之用,不可用于校准。

(3) 探头补偿

在首次将探头与任一输入通道连接时,进行补偿调节,使探头与输入通道相匹配。未经补偿或补偿偏差的探头会导致测量误差或错误。若调整探头补偿,可按如下步骤进行:

将探头菜单衰减系数设定为 10×,探头上的开关设定为 10×,并将示波器探头与通道 1 连接。如使用探头钩形头,应确保与探头紧密接触。

将探头端部与探头补偿器的信号输出连接器相连,基准导线夹与探头补偿器的地线连接端相连,打开通道 1,然后按 AUTO 按钮。

检查所显示波形的形状是否如图 1-2 所示。

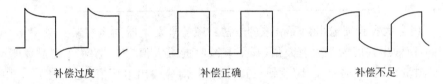

补偿过度　　　　　　　　补偿正确　　　　　　　　补偿不足

图 1-2　探头补偿调节

如必要,用非金属质地的锣刀调整探头上的可变电容,直到屏幕显示的波形如图 1-2 所示。必要时,可重复上述步骤。

警告: 为避免使用探头时被电击,须确保探头的绝缘导线完好,并且连接高压电源时不要接触探头的金属部分。

(4) 波形显示的自动设置

数字示波器具有自动设置的功能。根据输入信号,示波器可自动调整电压倍率、时基以及触发方式至最好形态显示。应用自动设置时,被测信号的频率要大于或等于 50 Hz,占空比大于 1%。

使用自动设置时,先将被测信号连接到信号输入通道,再按下 AUTO 按钮。示波器将自动设置垂直、水平和触发控制。如需要,可手工调整这些控制使波形显示达到最佳。

详细使用方法可参见附录 B。

2. CA2171 型晶体管毫伏表的使用

① 阅读说明书中的使用须知;

② 了解选择开关位置与表刻度的对应关系。

用分贝表示刻度的"输出衰减"时,旋钮的使用应注意:当"输出衰减"旋钮置于 0 dB,表头的指示值为输出信号电压的有效值。"输出衰减"旋钮置于 10 dB 时,输出信号为表头指示的 0.315 倍。

3. GFG-8219低频信号发生器的使用

① 阅读说明书中的使用方法,了解如何选择输出信号的频率及电压值范围。

② 用低频信号发生器产生三种波形:正弦波、方波、三角波,并用示波器观察这三种不同波形。

③ 用信号发生器产生 1 kHz、5 kHz、10 kHz 的正弦波,用示波器测量其周期 T 值和频率 f 值并填于表 1-2 中,再与信号频率进行比较,计算误差 r。

表 1-2　信号频率记录表

函数发生器频率	示波器读出		误差 r
	T	f	
1 kHz			
5 kHz			
10 kHz			

④ 用毫伏表验证输出幅度衰减的方法:将信号发生器固定在某一频率下(例如 1 kHz),使输出幅度为最大有效值(即不衰减时的最大值,用 CA2171 型晶体管毫伏表直接测量),调节"输出衰减"旋钮位置,测量其对应输出电压值,记入表 1-3 中。

表 1-3　毫伏表测量记录表

"输出衰减"/dB	+20	+10	0	-10	-20
毫伏表读数					
衰减倍数					

注:测试条件是 $f = 1$ kHz,$U = 6$ V。

4. 综合测试

① 用示波器两次测量法校准信号发生器频率刻度。方法是:将信号发生器的信号输入到示波器后,按下示波器 AUTO 键,即可观察到信号发生器输出频率的波形。填表 1-4,并计算相对误差 r 后得

$$r = \left| \frac{f_\circ - f}{f_\circ} \right| \%$$

式中:$f = \dfrac{1}{\text{格数} \times \text{Time/Div}}$,$f_\circ$——基准频率。

表 1-4　校准信号发生器记录表

标准频率	被测信号频率	误差 r
Time/Div= 格数= $f_\circ$=	格数= T= f=	$\left\| \dfrac{f_\circ - f}{f_\circ} \right\| \% =$

② 校验信号发生器输出两种不同波形的有效值、最大值和比例系数 K。其方法是：用信号发生器产生两种波形（正弦波和方波），频率可任意选定（但测量时不能再改变），信号幅度调至最大值。

用示波器测量最大值 U_p（峰值），用毫伏表测量有效值 U_o。比例系数 $K=$ 有效值 $U_o/$ 峰值 U_p。

填表 1-5，将测量值与理论值比较，说明误差原因。

表 1-5　有效值和最大值比例系数记录表

波　形	峰值 U_p	有效值 U_o	测量 K 值	理论 K 值
正弦波				
方　波				

六、实验思考

1) 用示波器观察波形时，要达到如下要求应分别调节哪些旋钮、按钮？

① 波形清晰；② 亮度适中；③ 波形稳定；④ 移动波形位置；⑤ 改变波形宽度；⑥ 改变波形高度；⑦ 自动显示测量结果。

2) 用示波器测量交流信号，如何才能达到尽可能高的测量精度？

七、实验报告

根据实验记录，列表整理、计算实验数据，并描绘观察到的波形图。

实验二　晶体管共射极单管放大器

一、实验目的

① 加深对晶体管共射极基本放大器特性的理解。

② 学习对静态工作点的测量方法。

③ 学习测量电压放大倍数的方法。

④ 观察 Q 点的设置对交、直流负载线以及对放大倍数和波形的影响。

二、预习要求

① 阅读教材中有关单管放大电路的内容并估算实验电路的各项性能指标。

假设：3DG6 的 $\beta=100$，$R_{B1}=20\ k\Omega$，$R_{B2}=60\ k\Omega$，$R_C=2.4\ k\Omega$，$R_L=2.4\ k\Omega$。

估算放大器的静态工作点，电压放大倍数 A_u，输入电阻 R_i 和输出电阻 R_o。

② 阅读附录 A 中有关放大器干扰和自激振荡消除的内容。

③ 阅读本实验内容和步骤。

④ 思考能否用直流电压表直接测量晶体管的 U_{BE}？

⑤ 思考怎样测量 R_{B2} 的阻值？

⑥ 思考在测试 A_u，R_i 和 R_o 时怎样选择输入信号的大小和频率？

⑦ 实验预习本实验电路时注意：图 1-3 所示为共射极单管放大器与带有负反馈的两级放大器共用实验模块（见实物）。如将 K_1、K_2 断开，则前级（Ⅰ）为典型电阻分压式单管放大器；如将 K_1、K_2 接通，则前级（Ⅰ）与后级（Ⅱ）接通，组成带有电压串联负反馈两级放大器。

⑧ 使用 Multisim 10 仿真软件对实验内容进行仿真。

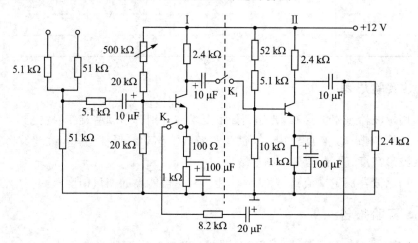

图 1-3　两级放大器共用实验模块图

三、实验原理

图 1-4 为电阻分压式单管放大器实验电路图。偏置电路采用 R_{B1} 和 R_{B2} 组成的分压电路，并在发射极中接有电阻 R_E，以稳定放大器的静态工作点。当在放大器的输入端加入输入信号 u_i 后，在放大器的输出端便可得到一个与 u_i 相位相反、幅值被放大了的输出信号 u_o，从而实现了电压放大。

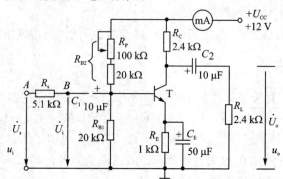

图 1-4　共射极单管放大器实验电路

在图 1-4 电路中,当流过偏置电阻 R_{B1} 和 R_{B2} 的电流远大于晶体管 T 的基极电流 I_B 时(一般 5～10 倍),则其静态工作点可用下式估算

$$U_B \approx \frac{R_{B1}}{R_{B1} + R_{B2}} U_{CC}$$

$$I_E \approx \frac{U_B - U_{BE}}{R_E} \approx I_C$$

$$U_{CE} = U_{CC} - I_C(R_C + R_E)$$

电压放大倍数:　　　　　　　$A_u = -\beta \dfrac{R_C /\!/ R_L}{r_{be}}$

输入电阻:　　　　　　　$R_i = R_{B1} /\!/ R_{B2} /\!/ r_{be}$

输出电阻:　　　　　　　$R_o \approx R_C$

由于电子器件性能的分散性比较大,因此在设计和制作晶体管放大电路时,离不开测量和调试技术,详见附录 C(常用元器件的检测)。在设计前应测量所用元器件的参数,为电路设计提供必要的依据,在完成设计和装配以后,还必须测量和调试放大器的静态工作点和各项性能指标。一个优质放大器,必定是理论设计与实验调整相结合的产物。因此,除了学习放大器的理论知识和设计方法外,还必须掌握必要的测量和调试技术。

放大器的测量和调试一般包括:放大器静态工作点的测量与调试,消除干扰与自激振荡及放大器各项动态参数的测量与调试等。

1. 放大器静态工作点的测量与调试

(1) 静态工作点的测量

测量放大器的静态工作点,应在输入信号 $u_i = 0$ 的情况下进行。即将放大器输入端与地端短接,然后选用量程合适的直流毫安表和直流电压表,分别测量晶体管的集电极电流 I_C 以及各电极对地的电位 U_B、U_C 和 U_E。实验中,为了避免断开集电极,一般采用测量电压 U_E 或 U_C,然后算出 I_C 的方法。例如,只要测出 U_E,即可用 $I_C \approx I_E = \dfrac{U_E}{R_E}$ 算出 $I_C \left($也可根据 $I_C = \dfrac{U_{CC} - U_C}{R_C}$,由 U_C 确定 $I_C \right)$,同时也能算出 $U_{BE} = U_B - U_E$,$U_{CE} = U_C - U_E$。

注意:为了减小误差,提高测量精度,应选用内阻较高的直流电压表。

(2) 静态工作点的调试

放大器静态工作点的调试是指对管子集电极电流 I_C(或 U_{CE})的调整与测试。

静态工作点是否合适,对放大器的性能和输出波形都有很大影响。如工作点偏高,放大器在加入交流信号以后易产生饱和失真,此时 u_o 的负半周将被削底,如图 1-5(a)所示;如工作点偏低则易产生截止失真,即 u_o 的正半周被缩顶(一般截止失真不如饱和失真明显),如图 1-5(b)所示。这些情况都不符合不失真放大的要求。所以在选定工作点以后还必须进行动态调试,即在放大器的输入端加入一定的

输入电压 u_i,检查输出电压 u_o 的大小和波形是否满足要求。如不满足,则应调节静态工作点的位置。

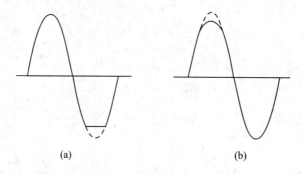

图 1－5　静态工作点对 u_o 波形失真的影响

改变电路参数 U_{CC}、R_C、R_B(R_{B1}、R_{B2})都会引起静态工作点的变化,如图 1－6 所示。但通常多采用调节偏置电阻 R_{B2} 的方法来改变静态工作点,如减小 R_{B2},则可使静态工作点提高等。

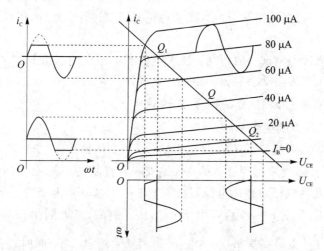

图 1－6　电路参数对静态工作点的影响

需要说明的是,以上所述的工作点"偏高"或"偏低"不是绝对的,而是相对信号的幅度而言,如果输入信号幅度很小,即使工作点较高或较低也不一定会出现失真。所以,产生波形失真是信号幅度与静态工作点设置配合不当所致。如需满足较大信号幅度的要求,静态工作点最好尽量靠近交流负载线的中点。

2. 放大器动态指标测试

放大器动态指标包括电压放大倍数、输入电阻、输出电阻、最大不失真输出电压(动态范围)和通频带等。

(1) 电压放大倍数 A_u 的测量

调整放大器到合适的静态工作点，然后加入输入电压 u_i，在输出电压 u_o 不失真的情况下，用交流毫伏表测出 u_i 和 u_o 的有效值 U_i 和 U_o，则

$$A_u = \frac{U_o}{U_i}$$

(2) 输入电阻 R_i 的测量

为了测量放大器的输入电阻，按图 1-7 电路在被测放大器的输入端与信号源之间串入一已知电阻 R，在放大器正常工作的情况下，用交流毫伏表测出 U_s 和 U_i，则根据输入电阻的定义可得

$$R_i = \frac{U_i}{I_i} = \frac{U_i}{\dfrac{U_R}{R}} = \frac{U_i}{U_s - U_i}R$$

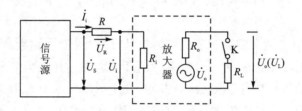

图 1-7　输入、输出电阻测量电路

注意：测量时应注意下列几点：

① 由于电阻 R 两端没有电路公共接地点，所以测量 R 两端电压 U_R 时必须分别测出 U_s 和 U_i，然后按 $U_R = U_s - U_i$ 求出 U_R 值。

② 电阻 R 的值不宜取得过大或过小，以免产生较大的测量误差，通常取 R 与 R_i 为同一数量级为好，本实验可取 $R = 1 \sim 2 \ \text{k}\Omega$。

(3) 输出电阻 R_o 的测量

按图 1-7 电路，在放大器正常工作条件下，测出输出端不接负载 R_L 的输出电压 U_o 和接入负载后的输出电压 U_L，根据

$$U_L = \frac{R_L}{R_o + R_L}U_o$$

即可求出

$$R_o = \left(\frac{U_o}{U_L} - 1\right)R_L$$

在测试中应注意，必须保持 R_L 接入前后输入信号的大小不变。

(4) 最大不失真输出电压 U_{oP-P} 的测量（最大动态范围）

如上所述，为了得到最大动态范围，应将静态工作点调到交流负载线的中点。为此在放大器正常工作情况下，逐步增大输入信号的幅度，并同时调节 R_P（改变静态工

作点),用示波器观察,当输出波形同时出现削底和缩顶现象(见图1-8时),说明静态工作点已调在交流负载线的中点。然后反复调整输入信号,使波形输出幅度最大,且无明显失真时,用交流毫伏表测出 U_o (有效值),则动态范围等于 $2\sqrt{2}U_o$,或用示波器直接读出 U_{oP-P} 来。

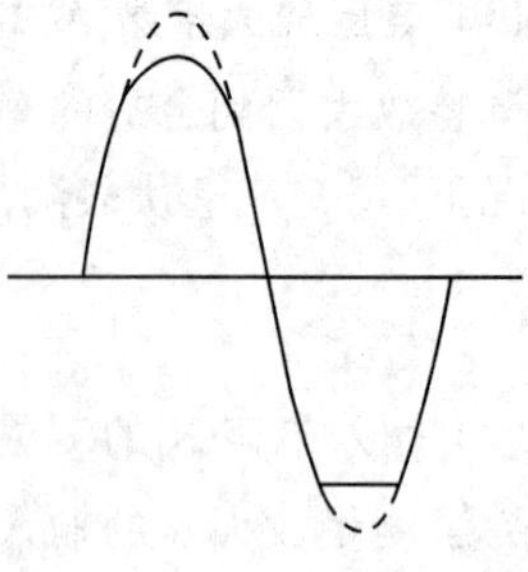

(5) 放大器幅频特性的测量

放大器的幅频特性是指放大器的电压放大倍数 A_u 与输入信号频率 f 之间的关系曲线。单管阻容耦合放大电路的幅频特性曲线如图1-9所示。

图1-8　静态工作点正常,输入信号太大引起的失真

A_{um} 为中频电压放大倍数,通常规定电压放大倍数随频率变化下降到中频放大倍数的 $1/\sqrt{2}$ 倍,即 $0.707A_{um}$ 所对应的频率分别称为下限频率 f_L 和上限频率 f_H ,则通频带 $f_{BW}=f_H-f_L$ 。

放大器的幅率特性就是测量不同频率信号时的电压放大倍数 A_u 。为此,可采用前述测 A_u 的方法,每改变一个信号频率,测量其相应的电压放大倍数,测量时应注意取点要恰当,在低频段与高频段应多测几点,在中频段可以少测几点。此外,在改变频率时,要保持输入信号的幅度不变,且输出波形不得失真。

(6) 干扰和自激振荡的消除

干扰和自激振荡的消除可参考实验附录A。图1-10为晶体三极管引脚的排列。

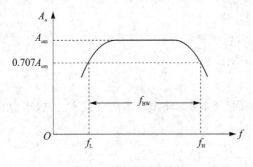

图1-9　幅频特性曲线

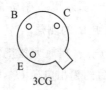

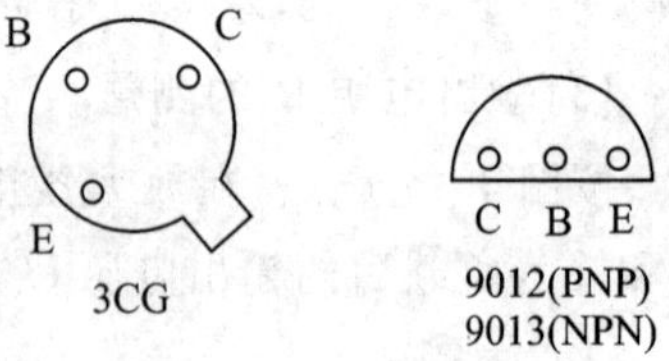

3CG

9012(PNP)
9013(NPN)

图1-10　晶体三极管引脚排列

四、实验器材

低频信号发生器	1台
数字示波器	1台
晶体管毫伏表	1台
万用表	1只

模拟电子技术实验箱　　　　　　　　1 台

五、实验内容与方法

实验电路如图 1-4 所示,各电子仪器可按实验一中图 1-1 所示方式连接。为防止干扰,各仪器的公共端必须连在一起,而信号源、交流毫伏表和示波器的引线应采用专用电缆线或屏蔽线,如使用屏蔽线,则屏蔽线的外包金属网应接在公共接地端上。

1. 调试静态工作点

接通直流电源前,先将 R_P 调至最大(右旋到底),函数信号发生器输出旋钮旋至最小。接通 +12 V 电源、调节 R_P,使 $U_E = 2.0$ V,用直流电压表测量 U_B、U_E、U_C 及用万用电表测量 R_{B2} 值,并记入表 1-6 中。

表 1-6　静态工作点记录表

测　量　值				计　算　值		
U_B/V	U_E/V	U_C/V	R_{B2}/kΩ	U_{BE}/V	U_{CE}/V	I_C/mA

注:测试条件是 $U_E = 2.0$ V。

2. 测量电压放大倍数

在放大器输入端加入频率为 1 kHz 的正弦信号 u_s,调节函数信号发生器的输出旋钮使放大器输入电压 $U_i \approx 10$ mV,同时用示波器观察放大器输出电压 u_o 波形,在波形不失真的条件下用交流毫伏表测量下述三种情况下的 U_o 值,并用双踪示波器观察 u_o 和 u_i 的相位关系,并记入表 1-7 中。

表 1-7　电压放大倍数记录表

R_C/kΩ	R_L/kΩ	U_o/V	A_u	观察记录一组 u_o 和 u_i 波形
2.4	∞			
1.2	∞			
2.4	2.4			

注:测试条件是 $U_E = 2.0$ V,$U_i = 10$ mV。

3. 观察静态工作点对电压放大倍数的影响

置 $R_C = 2.4$ kΩ,$R_L = \infty$,U_i 不变,调节 R_P,改变电流 I_C,用示波器观察输出电压波形,在 u_o 不失真的条件下,测量数组 I_C 和 U_o 值,记入表 1-8 中。

表 1-8　电压放大倍数

I_C/mA	1	2.0	2.5	3
U_o/V				
A_u				

注：测试条件是 $R_C=2.4$ kΩ，$R_L=\infty$，$U_i=10$ mV。

测量 I_C 时，要先将信号源输出旋钮旋至最小(即使 $U_i=0$)。

*4. 观察静态工作点对输出波形失真的影响

置 $R_C=2.4$ kΩ，$R_L=2.4$ kΩ，$u_i=0$，调节 R_P 使 $I_C=2.0$ mA，测出 U_{CE} 值；再逐步加大输入信号，使输出电压 u_o 足够大但不失真。然后保持输入信号不变，分别增大和减小 R_P，使波形出现失真，绘出 u_o 波形，并测出失真情况下的 I_C 和 U_{CE} 值，并记入表 1-9 中。每次测 I_C 和 U_{CE} 值时都要将信号源的输出旋钮旋至最小。

表 1-9　输出波形失真记录表

I_C/mA	U_{CE}/V	u_o 波形	失真情况	管子工作状态
		u_o 波形图 O-t		
2.0		u_o 波形图 O-t		
		u_o 波形图 O-t		

注：测试条件是 $R_C=2.4$ kΩ，$R_L=\infty$，$U_i=10$ mV。

*5. 测量最大不失真输出电压

置 $R_C=2.4$ kΩ，$R_L=2.4$ kΩ，按照实验原理中所述方法，同时调节输入信号的幅度和电位器 R_P，用示波器和交流毫伏表测量 U_{oP-P} 及 U_o 值，记入表 1-10 中。

表 1-10　最大不失真输出电压记录表

I_C/mA	U_{im}/mV	U_{om}/V	U_{oP-P}/V

注：测试条件是 $R_C=2.4$ kΩ，$R_L=2.4$ kΩ。

6. 测量输入电阻和输出电阻

置 $R_C=2.4\ \text{k}\Omega$，$R_L=2.4\ \text{k}\Omega$，$U_E=2.0\ \text{V}$。输入 $f=1\ \text{kHz}$ 的正弦信号，在输出电压 u_o 不失真的情况下，用交流毫伏表测出 U_s、U_i 和 U_L 并记入表 1-11 中。

保持 U_s 不变，断开 R_L，测量输出电压 U_o，记入表 1-11 中。

表 1-11　输入电阻和输出电阻记录表

U_s/mV（不变）	U_i/mV（不变）	$R_i/\text{k}\Omega$		U_L/V	U_o/V	$R_o/\text{k}\Omega$	
		测量值	计算值			测量值	计算值

注：测试条件是 $U_E=2.0\ \text{V}$，$R_C=2.4\ \text{k}\Omega$，$R_L=2.4\ \text{k}\Omega$。

*7. 测量幅频特性曲线

置 $I_C=2.0\ \text{mA}$，$R_C=2.4\ \text{k}\Omega$，$R_L=2.4\ \text{k}\Omega$。保持输入信号 u_i 的幅度不变，改变信号源频率 f，逐点测出相应的输出电压 U_o，记入表 1-12 中。

表 1-12　幅频特性记录表

测试项目	f_l	f_o	f_n
f/kHz			
U_o/V			
$A_u=U_o/U_i$			

注：测试条件是 $U_i=10\ \text{mV}$。

为使信号源频率 f 取值合适，可先粗测一下，找出中频范围，然后再仔细读数。

说明：标记 * 的部分可作为选做内容。

六、实验思考

① 为什么实验中要采用测 U_B、U_E，再间接算出 U_{BE} 的方法？

② 当调节偏置电阻 R_{B2}，使放大器输出波形出现饱和或截止失真时，晶体管的管压降 U_{CE} 怎样变化？

③ 改变静态工作点对放大器的输入电阻 R_i 有否影响？改变外接电阻 R_L 对输出电阻 R_o 有否影响？

④ 测试中，如果将函数信号发生器、交流毫伏表、示波器中任一仪器的两个测试端子接线换位（即各仪器的接地端不再连在一起），将会出现什么问题？

七、实验报告

① 列表整理测量结果，并把实测的静态工作点、电压放大倍数、输入电阻、输出电阻之值与理论计算值比较（取一组数据进行比较），分析产生误差原因。

② 总结 R_C、R_L 及静态工作点对放大器电压放大倍数、输入电阻和输出电阻的

影响。

③ 在测试 A_u、R_i 和 R_o 时，为什么输入信号频率一般选 1 kHz，而不选 100 kHz 或更高？

④ 讨论静态工作点变化对放大器输出波形的影响。

⑤ 分析讨论在调试过程中出现的问题。

实验三　射极跟随器

一、实验目的

① 掌握射极跟随器的特性及测试方法。

② 进一步学习放大器各项参数测试方法。

二、预习要求

① 复习射极跟随器的工作原理。

② 阅读本实验内容和步骤。

③ 使用 Multisim 10 仿真软件对实验内容进行仿真。

三、实验原理

晶体管共集放大器，即射极跟随器的原理如图 1-11 所示。它是一个电压串联负反馈放大电路，具有输入电阻高，输出电阻低，电压放大倍数接近于 1，输出电压能够在较大范围内跟随输入电压做线性变化以及输入、输出信号同相等特点。射极跟随器的输出取自发射极，故也称其为射极输出器。

一些电子测量仪器中，为了减轻仪器对信号源所取用的电流，以提高测量精度，通常采用图 1-12 所示带有自举电路的射极跟随

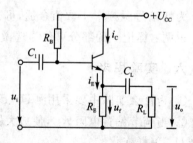

图 1-11　射极跟随器

器，以提高偏置电路的等效电阻，从而保证射极跟随器具有足够高的输入电阻。

1. 输入电阻 R_i（见图 1-11 电路）

$$R_i = r_{be} + (1+\beta)R_E$$

如考虑偏置电阻 R_B 和负载 R_L 的影响，则

$$R_i = R_B /\!/ [r_{be} + (1+\beta)(R_E /\!/ R_L)]$$

式中，$R_B = R_{B3} + R_{B1} /\!/ R_{B2}$。

由上式可知，射极跟随器的输入电阻 R_i 比共射极单管放大器的输入电阻 $R_i = R_B /\!/ r_{be}$ 要高得多，但由于偏置电阻 R_B 的分流作用，输入电阻难以进一步提高。

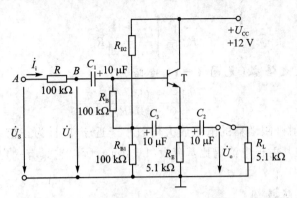

图 1 - 12　有自举电路的射极跟随器

输入电阻的测试方法同单管放大器，实验电路如图 1 - 13 所示。

$$R_i = \frac{U_i}{I_i} = \frac{U_i}{U_s - U_i} R$$

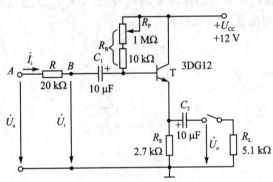

图 1 - 13　射极跟随器实验电路

即只要测得 A、B 两点的对地电位即可计算出 R_i。

2. 输出电阻 R_o（见图 1 - 11 电路）

$$R_o = \frac{r_{be}}{\beta} \mathbin{/\mkern-5mu/} R_E \approx \frac{r_{be}}{\beta}$$

如考虑信号源内阻 R_S，则

$$R_o = \frac{r_{be} + (R_S \mathbin{/\mkern-5mu/} R_B)}{\beta} \mathbin{/\mkern-5mu/} R_E \approx \frac{r_{be} + (R_S \mathbin{/\mkern-5mu/} R_B)}{\beta}$$

由上式可知，射极跟随器的输出电阻 R_o 比共射极单管放大器的输出电阻 $R_o \approx R_C$ 低得多。三极管的 β 越高，输出电阻越小。

输出电阻 R_o 的测试方法亦同单管放大器，即先测出空载输出电压 U_o，再测接入负载 R_L 后的输出电压 U_L，根据

$$U_L = \frac{R_L}{R_o + R_L} U_o$$

即可求出 R_o，得

$$R_o = \left| \frac{U_o}{U_L} - 1 \right| R_L$$

3. 电压放大倍数(见图 1-11 电路)

$$A_u = \frac{(1+\beta)(R_E \mathbin{/\mkern-5mu/} R_L)}{r_{be} + (1+\beta)(R_E \mathbin{/\mkern-5mu/} R_L)} \leqslant 1$$

上式说明，射极跟随器的电压放大倍数小于近于 1，且为正值，这是深度电压负反馈的结果。但其射极电流仍比基流大 $(1+\beta)$ 倍，所以它具有一定的电流和功率放大作用。

4. 电压跟随范围

电压跟随范围是指射极跟随器输出电压 u_o 跟随输入电压 u_i 作线性变化的区域。当 u_i 超过一定范围时，u_o 便不能跟随 u_i 作线性变化，即 u_o 波形产生了失真。为了使输出电压 u_o 的正、负半周对称，并充分利用电压跟随范围，静态工作点应选在交流负载线中点，测量时可直接用示波器读取 u_o 的峰峰值，即电压跟随范围；或用交流毫伏表读取 u_o 的有效值，则电压跟随范围为

$$U_{oP-P} = 2\sqrt{2}U_o$$

四、实验器材

低频信号发生器	1 台
数字示波器	1 台
晶体管毫伏表	1 台
万用表	1 只
模拟电子技术实验箱	1 台

五、实验内容与方法

按图 1-12 连接电路。

1. 静态工作点的调整

接通 +12 V 直流电源，在 A 点加入 $f=1$ kHz 的正弦信号 u_s，输出端用示波器观察输出波形，反复调整 R_P 及信号源的输出幅度，使在示波器的屏幕上得到一个最大不失真输出波形，然后置 $u_i=0$，用直流电压表测量晶体管各电极对地电位，将测得数据记入表 1-13。

表 1-13　静态工作点调整记录表

U_E/V	U_B/V	U_C/V	I_E/mA

在以下整个测试过程中应保持 R_P 值不变(即保持静工作点 I_E 不变)。

2. 测量电压放大倍数 A_u

接入负载 $R_L=1\ \text{k}\Omega$，在 B 点加 $f=1\ \text{kHz}$ 的正弦信号 u_i，调节输入信号幅度，用示波器观察输出波形 u_o，在输出最大不失真情况下，用交流毫伏表测 U_i、U_L 值，并记入表 1-14 中。

3. 测量输出电阻 R_o

接上负载 $R_L=1\ \text{k}\Omega$，在 B 点加 $f=1\ \text{kHz}$ 的正弦信号 u_i，用示波器监视输出波形，测空载输出电压 U_o，有负载时输出电压 U_L，并记入表 1-15 中。

4. 测量输入电阻 R_i

在 A 点加 $f=1\ \text{kHz}$ 的正弦信号 u_s，用示波器监视输出波形，用交流毫伏表分别测出 A、B 点对地的电位 U_s、U_i，并记入表 1-16 中。

表 1-14	电压放大倍数记录表		表 1-15	输出电阻记录表		表 1-16	输出电阻记录表	
U_i/V	U_L/V	A_u	U_o/V	U_L/V	$R_o/\text{k}\Omega$	U_s/V	U_i/V	$R_i/\text{k}\Omega$

5. 测试跟随特性

接入负载 $R_L=1\ \text{k}\Omega$，在 B 点加入 $f=1\ \text{kHz}$ 的正弦信号 u_i，逐渐增大信号 u_i 幅度，用示波器监视输出波形直至输出波形达最大不失真，测量对应的 U_L 值，并记入表 1-17 中。

表 1-17　跟随特性记录表

U_i/V	
U_L/V	

* 6. 测试频率响应特性

保持输入信号 u_i 幅度不变，改变信号源频率，用示波器监视输出波形，用交流毫伏表测量不同频率下的输出电压 U_L 值，并记入表 1-18 中。

表 1-18　频率响应特性表

f/kHz	
U_L/V	

六、实验思考

根据图 1-12 的元件参数值估算静态工作点，并画出交、直流负载线。

七、实验报告

① 整理实验数据，并画出曲线 $U_L=f(U_i)$ 及 $U_L=f(f)$ 曲线。

② 分析射极跟随器的性能和特点。

实验四　差动放大器

一、实验目的

① 加深对差动放大器性能及特点的理解。
② 学习差动放大器主要性能指标的测试方法。

二、预习要求

① 复习差动放大器相关理论课的内容。

② 根据实验电路参数,估算典型差动放大器和具有恒流源的差动放大器的静态工作点及差模电压放大倍数(取 $\beta_1=\beta_2=100$)。

③ 思考测量静态工作点时,放大器输入端 A、B 与地应如何连接?

④ 实验中怎样获得双端和单端输入差模信号? 怎样获得共模信号? 画出 A、B 端与信号源之间的连接图。

⑤ 怎样进行静态调零? 怎样用交流毫伏表测双端输出电压 U_o?

⑥ 阅读本实验的内容和步骤。使用 Multisim 10 仿真软件对实验内容进行仿真。

三、实验电路及原理

图 1-14 是差动放大器的基本实验电路。它由两个元件参数相同的基本共射放大电路组成。当开关 K 拨向左边时,构成典型的差动放大器。调零电位器 R_P 用来调节 T_1、T_2 管的静态工作点,使得输入信号 $U_i=0$ 时,双端输出电压 $U_o=0$。R_E 为两管共用的发射极电阻,它对差模信号无负反馈作用,因而不影响差模电压放大倍数,

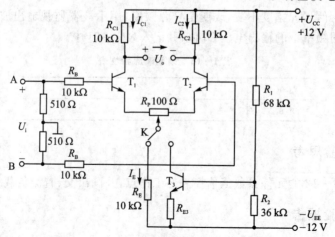

图 1-14　差动放大器实验电路

但对共模信号有较强的负反馈作用,故可以有效地抑制零漂,稳定静态工作点。

当开关 K 拨向右边时,构成具有恒流源的差动放大器。它用晶体管恒流源代替发射极电阻 R_E,可进一步提高差动放大器抑制共模信号的能力。

1. 静态工作点的估算

典型电路的估算:

$$I_E \approx \frac{|U_{EE}| - U_{BE}}{R_E}(\text{设}\ U_{B1} = U_{B2} \approx 0), \quad I_{C1} = I_{C2} = \frac{1}{2}I_E$$

恒流源电路的估算:

$$I_{C3} \approx I_{E3} \approx \frac{\dfrac{R_2}{R_1 + R_2}(U_{CC} + |U_{EE}|) - U_{BE}}{R_{E3}}, \quad I_{C1} = I_{C1} = \frac{1}{2}I_{C3}$$

2. 差模电压放大倍数和共模电压放大倍数

当差动放大器的射极电阻 R_E 足够大,或采用恒流源电路时,差模电压放大倍数 A_d 由输出端方式决定,而与输入方式无关。

双端输出:$R_E = \infty, R_P$ 在中心位置时,则

$$A_d = \frac{\Delta U_o}{\Delta U_i} = -\frac{\beta R_C}{R_B + r_{be} + (1+\beta)\dfrac{R_P}{2}}$$

单端输出:

$$A_{d1} = \frac{\Delta U_{C1}}{\Delta U_i} = \frac{1}{2}A_d$$

$$A_{d2} = \frac{\Delta U_{C2}}{\Delta U_i} = -\frac{1}{2}A_d$$

当输入共模信号时,若为单端输出,则有

$$A_{C1} = A_{C2} = \frac{\Delta U_{C1}}{\Delta U_i} = -\frac{\beta R_C}{R_B + r_{be} + (1+\beta)\left(\dfrac{1}{2}R_P + 2R_E\right)} \approx -\frac{R_C}{2R_E}$$

若为双端输出,在理想情况下

$$A_C = \frac{\Delta U_o}{\Delta U_i} = 0$$

实际上,由于元件不可能完全对称,因此 A_C 也不会绝对等于零。

3. 共模抑制比 CMRR

为了表征差动放大器对有用信号(差模信号)的放大作用和对共模信号的抑制能力,通常用一个综合指标来衡量,即共模抑制比为

$$\text{CMRR} = \left|\frac{A_d}{A_c}\right| \quad \text{或} \quad \text{CMRR} = 20\log\left|\frac{A_d}{A_c}\right| \text{(dB)}$$

差动放大器的输入信号可采用直流信号也可采用交流信号。本实验由函数信号发生器提供频率 $f = 1\ \text{kHz}$ 的正弦信号作为输入信号。

四、实验器材

低频信号发生器	1 台
数字示波器	1 台
晶体管毫伏表	1 台
万用表	1 只
模拟电子技术实验箱	1 台

五、实验内容与方法

1. 测试静态工作点

选择具有恒流源差动放大电路(开关 K 拨向右边)。当 $U_i = 0$ 时,调节 R_P 使 $U_o = 0 (U_o = U_{o1} - U_{o2})$,测试 T_1 或 T_2 静态工作点,填入表 1-19 中,并计算。

表 1-19　测量静态工作点记录表

测　　试			计　　算		
$U_{R_{C1}}$	U_{R_B}	U_C	I_B	I_C	β

2. 测量差模电压放大倍数

用直流信号测量单端输出和双端输出时的 A_d(单)和 A_d(双)。选用长尾式和恒流源式两种电路分别测量,将数据记入表 1-20 中。

表 1-20　测量差模电压增益记录表

电路形式	U_i(单)=0.1 V		U_i(双)=0.2 V	
	U_{od}(单)	A_d(单)	U_{od}(双)	A_d(双)
R_E				
恒流源				

3. 测量差模、共模放大倍数和共模抑制比

用交流信号测量单端输入、单端输出的差模电压放大倍数和共模电压放大倍数,将数据记入表 1-21 中。从上述两测试结果算出共模抑制比。

表 1-21　测量共模抑制比记录表

电路形式	$U_{id}=0.05$ V, $f=500$ Hz		$U_{ic}=1$ V, $f=500$ Hz		
	U_{od}(单)	A_d(单)	U_{oc}(单)	A_C	K_{CMR}
R_E					
恒流源					

注意：以上测试前先细心调节 R_P 使直流电位差 $U_{o1} - U_{o2} \approx 0$，这称为调零。交流测试时，信号频率在 100 Hz～1 kHz 之间，差模信号同样要满足小信号条件，但又要远大于干扰信号（可用示波器监视输出波形来判断）。共模测试时，输入信号应远大于差模测试时的大小，实验一般可取 1～3 V。

＊4. 温漂现象的观察

对恒流源式差动放大器中的 T_1、T_2 管处于不同的环境温度，观察直流电位差 $U_{o1} - U_{o2}$ 的漂移现象。

＊5. 电路参数变化对共模抑制比的影响

① 换用两只对称性差的晶体管，测量 K_{CMR}（重复内容 3），与前面测量结果相比较。

② 用长尾式 R_E 电路，改变 R_E 阻值（应同时改变 U_{EE} 使静态电流 I_o 为原值），测量 K_{CMR}（重复内容 3），并与前面测量结果相比较。

6. 使用 Multisim 10 仿真软件进行仿真

使用 Multisim 10 仿真软件对以上内容进行仿真，将结果与并与硬件实验相比较。

六、实验思考

① 调零时，应该用万用表还是晶体毫伏表来指示差动输出电压？

② 为什么不能用毫伏表直接测量差动放大器的双端输出电压 U_{od}，而必须测量 U_{od1} 和 U_{od2} 再经计算得到？

③ 若 K_{CMR} 为有限值，在图 1-14 的两种电路中，当 U_i 保持不变，单端输入和双端输入的输出电压 U_o 是否相同？为什么？

七、实验报告

① 整理实验测试数据，列表比较实验结果和理论估算值，分析误差原因。

② 实际测量结果与预习仿真实验、计算值比较分析。

③ 采用什么方法可以减小差放管的环境温差？

④ 根据实验结果，总结电阻 R_E 和恒流源的作用。

实验五　集成运放在运算电路中的应用

一、实验目的

① 研究由集成运算放大器组成的比例、加法、减法和积分等基本运算电路的功能。

② 了解运算放大器在实际应用时应考虑的一些问题。

二、预习要求

① 复习集成运放线性应用部分内容,并根据实验电路参数计算各电路输出电压的理论值。

② 阅读本实验内容和步骤。使用 Multisim 10 仿真软件对实验内容进行仿真。

三、实验原理

集成运算放大器是一种具有高电压放大倍数的直接耦合多级放大电路。当外部接入不同的线性或非线性元器件组成输入和负反馈电路时,输出输入可以灵活地实现各种特定的函数关系。在线性应用方面,可组成比例、加法、减法、积分、微分、对数等模拟运算电路。

理想运算放大器特性:在大多数情况下,将运放视为理想运放,就是将运放的各项技术指标理想化,满足下列条件的运算放大器称为理想运放。

开环电压增益 $A_{ud} = \infty$

输入阻抗 $r_i = \infty$

输出阻抗 $r_o = 0$

带宽 $f_{BW} = \infty$

失调与漂移均为零等。

理想运放在线性应用时的两个重要特性如下:

① 输出电压 U_o 与输入电压之间满足关系式

$$U_o = A_{ud}(U_+ - U_-)$$

由于 $A_{ud} = \infty$,而 U_o 为有限值,因此,$U_+ - U_- \approx 0$。即 $U_+ \approx U_-$,称为"虚短"。

② 由于 $r_i = \infty$,故流进运放两个输入端的电流可视为零,即 $I_{IB} = 0$,称为"虚断"。这说明运放对其前级吸取电流极小。

这两个特性是分析理想运放应用电路的基本原则,利用它可简化运放电路的计算。

1. 反相比例运算电路

反相比例运算电路如图 1-15 所示。对于理想运算放大器,该电路的输出电压与输入电压之间的关系为

$$U_o = -\frac{R_F}{R_1} U_i$$

为了减小输入级偏置电流引起的运算误差,在同相输入端应接入平衡电阻 $R_2 = R_1 /\!/ R_F$。

2. 反相加法运算电路

实验电路如图 1-16 所示,输出电压与输入电压之间的关系为

$$U_o = -\left(\frac{R_F}{R_1}U_{i1} + \frac{R_F}{R_2}U_{i2}\right); \quad 其中 R_3 = R_1 /\!/ R_2 /\!/ R_F$$

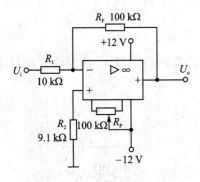

图 1 - 15　反相比例运算电路

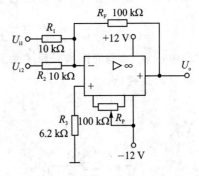

图 1 - 16　反相加法运算电路

3. 同相比例运算电路

图 1 - 17(a)是同相比例运算电路,其输出电压与输入电压之间的关系为

$$U_o = \left(1 + \frac{R_F}{R_1}\right)U_i; \quad 其中 R_2 = R_1 /\!/ R_F$$

当 $R_1 \to \infty$ 时,$U_o = U_i$,即得到如图 1 - 17(b)所示的电压跟随器。图中 $R_2 = R_F$,用以减小漂移和起保护作用,一般 R_F 取 10 kΩ,R_F 太小起不到保护作用,太大则影响跟随性。

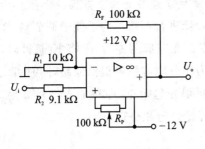

(a) 同相比例运算电路

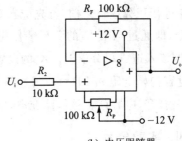

(b) 电压跟随器

图 1 - 17　同相比例运算电路

4. 差动放大电路(减法器)

对于图 1 - 18 所示的减法运算电路,当 $R_1 = R_2$,$R_3 = R_F$ 时,有如下关系式

$$U_o = \frac{R_F}{R_1}(U_{i2} - U_{i1})$$

5. 积分运算电路

反相积分运算电路如图 1 - 19 所示。在理想化条件下,输出电压 u_o 等于

$$u_o(t) = -\frac{1}{R_1 C}\int_0^t u_i \, \mathrm{d}t + u_c(0)$$

式中：$u_C(0)$ 是 $t=0$ 时刻电容 C 两端的电压值，即初始值。

如果 $u_i(t)$ 是幅值为 E 的阶跃电压，并设 $u_C(0)=0$，则

$$u_o(t) = -\frac{1}{R_1C}\int_0^t E\mathrm{d}t = -\frac{E}{R_1C}t$$

即输出电压 $u_o(t)$ 随时间增长而线性下降。显然，RC 的数值越大，达到给定的 U_o 值所需的时间就越长。

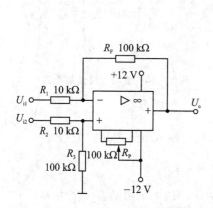

图 1－18　减法运算电路图

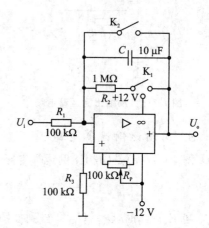

图 1－19　积分运算电路

注意： 积分输出电压所能达到的最大值受集成运放最大输出范围的限值。

在进行积分运算之前，首先应当对运算放大器进行调零。为了便于调节，将图中 K_1 闭合，即通过电阻 R_2 的负反馈作用实现调零。在完成调零后，应将 K_1 打开，以免因 R_2 的接入造成积分误差。K_2 的设置一方面为积分电容放电提供通路，同时可实现积分电容初始电压 $u_C(0)=0$；另一方面，可控制积分起始点，即在加入信号 u_i 后，只要 K_2 一打开，电容就将被恒流充电，电路也就开始进行积分运算。

四、实验器材

低频信号发生器	1 台
数字示波器	1 台
晶体管毫伏表	1 台
万用表	1 只
模拟电子技术实验箱	1 台

五、实验内容与方法

注意： 实验前要看清运放组件各引脚的位置；切忌正、负电源极性接反和输出端短路，否则将会损坏集成块。

1. 反相比例运算电路

① 按图 1-15 连接实验电路,接通±12 V 电源,输入端对地短路,进行调零和消振。

② 输入 $f=100$ Hz,$U_i=0.5$ V 的正弦交流信号,测量相应的 U_o,并用示波器观察 u_o 和 u_i 的相位关系,并记入表 1-22 中。

表 1-22　反相比例运算电路

U_i/V	U_o/V	u_i波形	U_o波形	A_u	
				实测值	计算值
		U_i / O / t	U_o / O / t		

注:测试条件是 $U_i=0.5$ V,$f=100$ Hz。

2. 同相比例运算电路

① 按图 1-17(a) 连接实验电路。实验步骤同内容 1,将结果记入表 1-23 中。

② 将图 1-17(a)中的 R_1 开路(取消),得到图 1-17(b)电路,重复上面①的内容。

表 1-23　同相比例运算电路测量表

U_i/V	U_o/V	u_i波形	U_o波形	A_u	
				实测值	计算值
		U_i / O / t	U_o / O / t		

注:测试条件是 $U_i=0.5$ V,$f=100$ Hz。

3. 反相加法运算电路

① 按图 1-16 连接实验电路,调零和消振。

② 输入信号采用直流信号,图 1-20 所示电路为简易直流信号源,由实验者自行完成。用直流电压表测量输入电压 U_{i1}、U_{i2} 及输出电压 U_o,记入表 1-24 中。

注意:实验时要选择合适的直流信号幅度以确保集成运放工作在线性区。

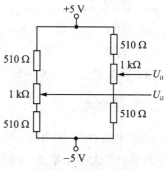

图 1-20　简易可调直流信号源

表 1-24　反相加法运算电路测量表

U_{i1}/V			
U_{i2}/V			
U_o/V			

4. 减法运算电路

① 按图 1-18 连接实验电路,调零和消振。

② 采用直流输入信号,实验步骤同内容 3,结果记入表 1-25 中。

表 1-25　减法运算电路测量表

U_{i1}/V					
U_{i2}/V					
U_o/V					

5. 积分运算电路

实验电路如图 1-19 所示,并连接电路。

① 打开 K_2,闭合 K_1,对运放输出进行调零。

② 调零完成后,再打开 K_1,闭合 K_2,使 $u_C(0)=0$。

③ 在 U_i 端输入平均值为零的方波信号,幅度为 1 V,观察当信号频率变化时输出波形及幅度的变化情况。将数据记录在表 1-26 中,测出输入矩形波峰-峰值与输出三角波峰-峰值相等时的信号频率。

注意: 在改变输入信号频率时,须维持信号的幅值不变,且输出不产生限幅现象。

表 1-26　积分器测量记录表

输入峰-峰值	$U_i=1$ V				
信号频率/Hz					
输出峰-峰值/V					

④ 输入正弦信号,峰-峰值仍为 1 V,观察输出波形,测出输入电压和输出电压相等时的信号频率。

注意: 改变输入信号频率时,须注意维持信号的幅值不变。

六、实验思考

① 在反相加法器中,如 U_{i1} 和 U_{i2} 均采用直流信号,并选定 $U_{i2}=-1$ V,当考虑到运算放大器的最大输出幅度(±12 V)时,$|U_{i1}|$ 的大小不应超过多少伏?

② 在积分电路中,如果 $R_1=100$ kΩ,$C=4.7$ μF,求时间常数。假设 $U_i=0.5$ V,问要使输出电压 U_o 达到 5 V,需多长时间(设 $u_C(0)=0$)?

③ 为了不损坏集成块,实验中应注意哪些问题?

七、实验报告

① 整理实验数据,画出波形图(注意波形间的相位关系)。

② 将理论计算结果和实测数据相比较,分析产生误差的原因。

③ 分析讨论实验中的现象和问题。

实验六 集成运放在波形产生器中的应用

一、实验目的

① 学习使用集成运放构成正弦波、方波和三角波发生器。

② 学习波形发生器的调整和主要性能指标的测试方法。

二、预习要求

① 复习有关 RC 正弦波振荡器、三角波及方波发生器的工作原理,并估算图 1-21、图 1-22、图 1-23 电路的振荡频率。

② 阅读本实验的内容和步骤,设计实验表格。

③ 在波形发生器的电路中,"相位补偿"和"调零"是否需要? 为什么?

④ 怎样测量非正弦波电压的幅值?

⑤ 使用 Multisim 10 仿真软件对实验内容进行仿真。

三、实验原理

由集成运放构成的正弦波、方波和三角波发生器有多种形式,本实验选用最常用的、线路比较简单的几种电路并加以分析。

1. RC 桥式正弦波振荡器(文氏电桥振荡器)

图 1-21 为 RC 桥式正弦波振荡器。其中 RC 串、并联电路构成正反馈支路,同

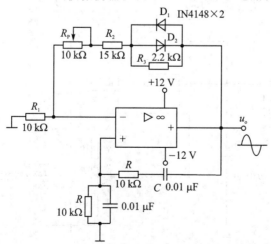

图 1-21 RC 桥式正弦波振荡器

时兼作选频网络，R_1、R_2、R_P 及二极管等元件构成负反馈和稳幅环节。调节电位器 R_P，可以改变负反馈深度，以满足振荡的振幅条件和改善波形。利用两个反向并联二极管 D_1、D_2 正向电阻的非线性特性来实现稳幅。D_1、D_2 采用硅管（温度稳定性好），且要求特性匹配，才能保证输出波形正、负半周对称。R_3 的接入是为了削弱二极管非线性的影响，以改善波形失真。

电路的振荡频率为

$$f_0 = \frac{1}{2\pi RC}$$

起振的幅值条件为

$$\frac{R_F}{R_1} \geqslant 2$$

式中，$R_F = R_P + R_2 + (R_3 /\!/ r_D)$，$r_D$ 为二极管正向导通电阻。

调整反馈电阻 R_F（调 R_P），使电路起振，且波形失真最小。如不能起振，则说明负反馈太强，应适当加大 R_F。如波形失真严重，则应适当减小 R_F。

改变选频网络的参数 C 或 R，即可调节振荡频率。一般采用改变电容 C 作为频率量程切换，而调节 R 作量程内的频率细调。

2. 方波发生器

由集成运放构成的方波发生器和三角波发生器，一般均包括比较器和 RC 积分器两大部分。图 1-22 所示为由迟滞比较器及简单 RC 积分电路组成的方波-三角波发生器，特点是线路简单，但三角波的线性度较差，主要用于产生方波，或对三角波要求不高的场合。

$$f_0 = \frac{1}{2R_F C_F \ln\left(1 + \frac{2R_2}{R_1}\right)}$$

式中：$R_1 = R_1' + R_P'$，$R_2 = R_2' + R_P''$。

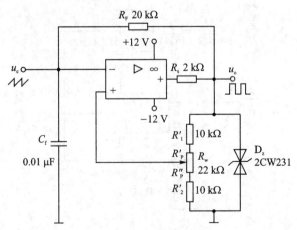

图 1-22　方波发生器

方波输出幅值

$$U_{om} = \pm U_Z$$

三角波输出幅值

$$U_{cm} = \frac{R_2}{R_1 + R_2} U_Z$$

调节电位器 R_P（即改变 $R_2 \mathbin{/\mkern-6mu/} R_1$），可以改变振荡频率，但三角波的幅值也随之变化。如要互不影响，则可通过改变 R_F（或 C_F）来实现振荡频率的调节。

3. 三角波和方波发生器

如把迟滞比较器和积分器首尾相接形成正反馈闭环系统（见图 1 - 23），则比较器 A_1 输出的方波经积分器 A_2 积分可得到三角波，三角波又触发比较器自动翻转形成方波，这样即可构成三角波、方波发生器。图 1 - 24 为方波、三角波发生器输出波形图。由于采用运放组成的积分电路，因此可实现恒流充电，使三角波线性度大大改善。

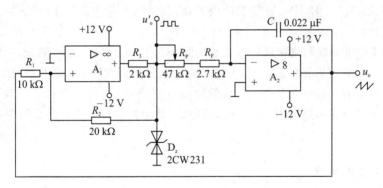

图 1 - 23　三角波、方波发生器

电路振荡频率　$f_o = \dfrac{R_2}{4R_1(R_F + R_W)C_F}$

方波幅值　$U'_{om} = \pm U_Z$

三角波幅值　$U_{om} = \dfrac{R_1}{R_2} U_Z$

调节 R_P 可以改变振荡频率，改变比值 $\dfrac{R_1}{R_2}$ 可调节三角波的幅值。

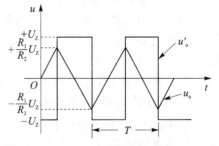

图 1 - 24　方波、三角波发生器输出波形图

四、实验器材

低频信号发生器	1 台
数字示波器	1 台
晶体管毫伏表	1 台

| 万用表 | 1 只 |
| 模拟电子技术实验箱 | 1 台 |

五、实验内容与方法

1. RC 桥式正弦波振荡器

按图 1-21 连接实验电路。

① 接通 ±12 V 电源,调节电位器 R_P,使输出波形从无到有,从正常正弦波波形到波形出现失真。描绘 u_o 的波形,记下临界起振、正弦波输出及失真情况下的 R_P 值,分析负反馈强弱对起振条件及输出波形的影响。

② 调节电位器 R_P,使输出电压 u_o 幅值最大且不失真,用交流毫伏表分别测量输出电压 U_o、反馈电压 U_+ 和 U_-,分析研究振荡的幅值条件。

③ 用示波器或频率计测量振荡频率 f_o,然后在选频网络的两个电阻 R 上并联同一阻值电阻,观察记录振荡频率的变化情况,并与理论值进行比较。

④ 断开二极管 D_1、D_2,重复②的内容,将测试结果与②进行比较,分析 D_1、D_2 的稳幅作用。

*⑤ RC 串并联网络幅频特性观察:将 RC 串并联网络与运放断开,由函数信号发生器输入 3 V 左右正弦波信号,并用双踪示波器同时观察 RC 串并联网络输入、输出波形。保持输入幅值 3 V 不变,从低到高改变频率,当信号源达某一频率时,RC 串并联网络输出将达最大值(约 1 V),且输入、输出同相位。此时的信号源频率为

$$f = f_o = \frac{1}{2\pi RC}$$

2. 方波发生器

按图 1-22 连接实验电路。

① 将电位器 R_P 调至中心位置,用双踪示波器观察并描绘方波 u_o 及三角波 u_C 的波形(注意对应关系),测量其幅值及频率并记录。

② 改变 R_P 动点的位置,观察 u_o、u_C 幅值及频率变化情况。把动点调至最上端和最下端,测出频率范围并记录。

③ 将 R_P 恢复至中心位置,将一只稳压管短接,观察 u_o 波形,分析 D_z 的限幅作用。

3. 三角波和方波发生器

按图 1-23 连接实验电路。

① 将电位器 R_P 调至合适位置,用双踪示波器观察并描绘三角波输出 u_o 及方波输出 u_o',测其幅值、频率及 R_P 值并记录。

② 改变 R_P 的位置,观察对 u_o'、u_o 幅值及频率的影响。

③ 改变 R_1(或 R_2),观察对 u_o'、u_o 幅值及频率的影响。

六、实验思考

① 为什么在 RC 正弦波振荡电路中要引入负反馈支路?为什么要增加二极管

D_1 和 D_2？它们是怎样稳幅的？

② 电路参数变化对图 1-22、图 1-23 产生的方波和三角波频率及电压幅值有什么影响？或者怎样改变图 1-22、图 1-23 电路中的方波及三角波频率及幅值？

七、实验报告

1. 正弦波发生器
① 列表整理实验数据，画出波形，把实测频率与理论值进行比较。
② 根据实验，分析 RC 振荡器的振幅条件。
③ 讨论二极管 D_1、D_2 的稳幅作用。

2. 方波发生器
① 列表整理实验数据，在同一坐标纸上，按比例画出方波和三角波的波形图（标出时间和电压幅值）。
② 分析 R_P 的变化对 u_o 波形的幅值及频率的影响。
③ 讨论 D_z 的限幅作用。

3. 三角波和方波发生器
① 整理实验数据，把实测频率与理论值进行比较。
② 在同一坐标纸上，按比例画出三角波及方波的波形，并标明时间和电压幅值。
③ 分析电路参数变化（R_1，R_2 和 R_P）对输出波形频率及幅值的影响。

实验七　负反馈放大器

一、实验目的

① 加深理解放大电路中引入负反馈的方法和负反馈对放大器各项性能指标的影响。
② 进一步熟悉放大器性能指标的测量方法。

二、预习要求

① 复习教材中有关负反馈放大器的内容，阅读本实验内容和步骤。
② 按实验电路图 1-25 估算放大器的静态工作点（取 $\beta_1 = \beta_2 = 100$）。
③ 怎样把负反馈放大器改接成基本放大器？为什么要把 R_F 并接在输入和输出端？
④ 估算基本放大器的 A_u、R_i 和 R_o；估算负反馈放大器的 A_{uF}、R_{iF} 和 R_{oF}，并验算它们之间的关系。
⑤ 使用 Multisim 10 仿真软件对实验内容进行仿真。

三、实验原理

负反馈在电子电路中有着非常广泛的应用,虽然它降低了放大器的放大倍数,但能在多方面改善放大器的动态指标,如稳定放大倍数、改变输入输出电阻、减小非线性失真和展宽通频带等。因此,几乎所有的实用放大器都带有负反馈电路。

负反馈放大器有四种组态,即电压串联,电压并联,电流串联和电流并联。本实验以电压串联负反馈为例,分析负反馈对放大器各项性能指标的影响。

1. 带负反馈的两级阻容耦合放大电路

图 1-25 为带有负反馈的两级阻容耦合放大电路,在电路中通过 R_F 把输出电压 u_o 引回到输入端,加到晶体管 T_1 的发射极上,在发射极电阻 R_{F1} 上形成反馈电压 u_{F}。根据反馈的判断法可知,它属于电压串联负反馈。

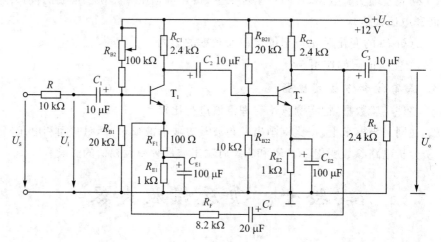

图 1-25　带有电压串联负反馈的两级阻容耦合放大器

主要性能指标如下:

(1) 闭环电压放大倍数

$$A_{uF} = \frac{A_u}{1 + A_u F_V}$$

式中 $A_u = U_o / U_i$——基本放大器(无反馈)的电压放大倍数,即开环电压放大倍数。

$1 + A_u F_V$——反馈深度,其大小决定了负反馈对放大器性能改善的程度。

(2) 反馈系数

$$F_V = \frac{R_{F1}}{R_F + R_{F1}}$$

(3) 输入电阻

$$R_{iF} = (1 + A_u F_V) R_i$$

R_i——基本放大器的输入电阻。

（4）输出电阻

$$R_{oF} = \frac{R_o}{1 + A_{uo}F_V}$$

R_o——基本放大器的输出电阻。

A_{uo}——基本放大器 $R_L = \infty$ 时的电压放大倍数。

2. 测量基本放大器的动态参数

本实验还需要测量基本放大器的动态参数，怎样实现无反馈而得到基本放大器呢？不能简单地断开反馈支路，而是要去掉反馈作用，但又要把反馈网络的影响（负载效应）考虑到基本放大器中去。为此：

① 在画基本放大器的输入回路时，因为是电压负反馈，所以可将负反馈放大器的输出端交流短路，即令 $u_o = 0$，此时 R_F 相当于并联在 R_{F1} 上。

② 在画基本放大器的输出回路时，由于输入端是串联负反馈，因此需将反馈放大器的输入端（T_1 管的射极）开路，此时（$R_F + R_{F1}$）相当于并接在输出端（可近似认为 R_F 并接在输出端）。

根据上述规律，就可得到所要求的如图 1-26 所示的基本放大器。

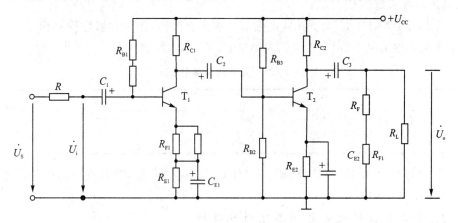

图 1-26   基本放大器

四、实验器材

低频信号发生器	1 台
数字示波器	1 台
晶体管毫伏表	1 台
万用表	1 只
模拟电子技术实验箱	1 台

五、实验内容与方法

注意： 实验装置上有放大器的固定实验模块，可参考实验二图 1-3 进行实验。

1. 测量静态工作点

按图 1-25 连接实验电路，取 $U_{CC}=+12$ V，$U_i=0$，用直流电压表分别测量第一级、第二级的静态工作点，并记入表 1-27 中。

表 1-27　测量静态工作点测量表

序　号	U_B/V	U_E/V	U_C/V	I_C/mA
第一级				
第二级				

2. 测试基本放大器的各项性能指标（中频电压放大倍数 A_u，输入电阻 R_i 和输出电阻 R_o）

将实验电路按图 1-26 改接（K_1 通、K_2 断），即把 R_F 断开后分别并在 R_{F1} 和 R_L 上，其他连线不动。

① 以 $f=1$ kHz，U_s 为 5 mV 正弦信号输入放大器，用示波器监视输出波形 u_o，在 u_o 不失真的情况下，用交流毫伏表测量 U_s、U_i、U_L，并记入表 1-28 中。

表 1-28　基本放大器记录表

测　量　值				计　算　值		
U_s/mV	U_i/mV	U_L/V	U_o/V	A_u	R_i/kΩ	R_o/kΩ

② 保持 U_s 不变，断开负载电阻 R_L（注意，R_F 不要断开），测量空载时的输出电压 U_o，记入表 1-28 中。

3. 测试负反馈放大器的各项性能指标

将实验电路恢复为图 1-25 的负反馈放大电路（K_1 通、K_2 通）。适当加大 U_s（约 10 mV），在输出波形不失真的条件下，测量负反馈放大器的 A_{uF}、R_{iF} 和 R_{of}，记入表 1-29 中。

表 1-29　负反馈放大器记录表

测　量　值				计　算　值		
U_s/mV	U_i/mV	U_L/V	U_o/V	A_{uF}	R_{iF}/kΩ	R_{oF}/kΩ

*4. 观察负反馈对非线性失真的改善

① 实验电路改接成基本放大器形式，在输入端加入 $f=1$ kHz 的正弦信号，输出

端接示波器,逐渐增大输入信号的幅度,使输出波形开始出现失真,记下此时的波形和输出电压的幅度。

② 再将实验电路改接成负反馈放大器形式,增大输入信号幅度,使输出电压幅度的大小与①相同,比较有负反馈时,输出波形的变化。

＊5．测量通频带

接上 R_L,保持①中的 U_s 不变,然后增加和减小输入信号的频率,找出上、下限频率 f_H 和 f_L,并记入表 1 – 30 中。

表 1 – 30　通频带测量记录表

基本放大器	f_L/kHz	f_H/kHz	$\Delta f/kHz$
负反馈放大器	f_{LF}/kHz	f_{HF}/kHz	$\Delta f_F/kHz$

六、实验思考

① 如按深负反馈估算,则闭环电压放大倍数 A_{uF} ＝? 和测量值是否一致? 为什么?

② 如输入信号存在失真,能否用负反馈来改善?

③ 怎样判断放大器是否存在自激振荡? 如何进行消振?

七、实验报告

① 将基本放大器和负反馈放大器动态参数的实测值和理论估算值列表进行比较。

② 根据实验结果,总结电压串联负反馈对放大器性能的影响。

实验八　RC 正弦波振荡器

一、实验目的

① 进一步学习 RC 正弦波振荡器的组成及其振荡条件。
② 学会测量、调试振荡器。

二、预习要求

① 复习教材有关三种类型 RC 振荡器电路组成与工作原理。
② 阅读本实验内容和步骤。
③ 计算三种实验电路的振荡频率。

④ 思考如何用示波器来测量振荡电路的振荡频率?

⑤ 使用 Multisim 10 仿真软件对实验内容进行仿真。

三、实验原理

从图 1-27 结构上看,正弦波振荡器是没有输入信号的,但带有选频网络的正反馈放大器。因用 R、C 元件组成选频网络,就称为 RC 振荡器,一般用来产生 1 Hz～1 MHz的低频信号。

1. RC 移相振荡器

电路形式如图 1-27 所示,选择 $R \gg R_i$。

振荡频率:
$$f_o = \frac{1}{2\pi\sqrt{6}RC}$$

起振条件:放大器 A 的电压放大倍数 $|\dot{A}| > 29$。

电路特点:简便,但选频作用差,振幅不稳,频率调节不便,一般用于频率固定且稳定性要求不高的场合。

频率范围:几赫～数十千赫。

2. RC 串并联网络(文氏桥)振荡器

电路形式如图 1-28 所示。

振荡频率:
$$f_o = \frac{1}{2\pi RC}$$

起振条件:
$$|\dot{A}| > 3$$

电路特点:可方便地连续改变振荡频率,便于加负反馈稳幅,容易得到良好的振荡波形。

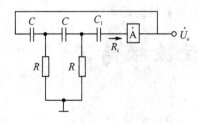

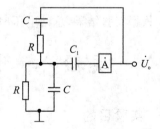

图 1-27　RC 移相振荡器原理图　　　　图 1-28　RC 串并联网络振荡器原理图

3. 双 T 选频网络振荡器

电路形式如图 1-29 所示。

振荡频率:
$$f_o = \frac{1}{5RC}$$

起振条件:
$$R' < \frac{R}{2}, \quad |\dot{A}\dot{F}| > 1$$

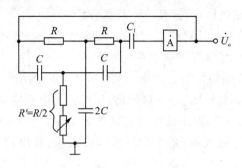

图 1 - 29　双 T 选频网络振荡器原理图

电路特点：选频特性好，但调频困难，适于产生单一频率的振荡。

注意：本实验采用两级共射极分立元件放大器组成 RC 正弦波振荡器。

四、实验器材

低频信号发生器　　　　　　　　1 台

数字示波器　　　　　　　　　　1 台

晶体管毫伏表　　　　　　　　　1 台

万用表　　　　　　　　　　　　1 只

模拟电子技术实验箱　　　　　　1 台

五、实验内容与方法

1. RC 串并联选频网络振荡器

① 按图 1 - 30 连接线路。

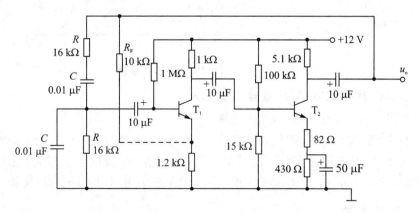

图 1 - 30　RC 串并联选频网络振荡器

② 断开 RC 串并联网络，测量放大器静态工作点及电压放大倍数。

③ 接通 RC 串并联网络，并使电路起振，用示波器观测输出电压 u_o 波形，调节

R_F 使输出获得满意的正弦信号,记录波形及其参数。

④ 测量振荡频率,并与计算值进行比较。

⑤ 改变 R 或 C 值,观察振荡频率变化的情况。

⑥ RC 串并联网络幅频特性的观察。将 RC 串并联网络与放大器断开,用函数信号发生器的正弦信号注入 RC 串并联网络,保持输入信号的幅度不变(约 3 V),频率由低到高变化,RC 串并联网络输出幅值将随之变化,当信号源达某一频率时,RC 串并联网络的输出将达最大值(约 1V 左右),且输入、输出同相位,此时信号源频率为

$$f = f_。= \frac{1}{2\pi RC}$$

2. 双 T 选频网络振荡器

① 按图 1-31 连接线路。

② 断开双 T 网络,调试 T_1 管静态工作点,使 U_{CE1} 为 6~7 V。

③ 接入双 T 网络,用示波器观察输出波形。若不起振,调节 R_{P1},使电路起振。

④ 测量电路振荡频率,并与计算值比较。

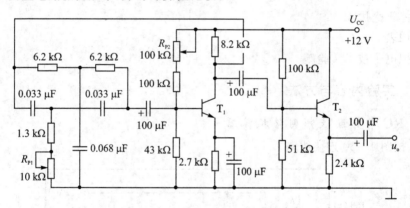

图 1-31　双 T 网络 RC 正弦波振荡器

*3. RC 移相式振荡器的组装与调试

① 按图 1-32 组接线路,电路参数自选。

② 断开 RC 移相电路,调整放大器的静态工作点,测量放大器电压放大倍数。

③ 接通 RC 移相电路,调节 R_{B2} 使电路起振,并使输出波形幅度最大,用示波器观测输出电压 $u_。$ 波形,同时用频率计和示波器测量振荡频率,并与理论值比较。

六、实验思考

① 振荡器通常有哪几部分组成?

② 简述振荡器从起振到稳幅振荡的工作过程。

③ 振荡电路为什么要引入负反馈?

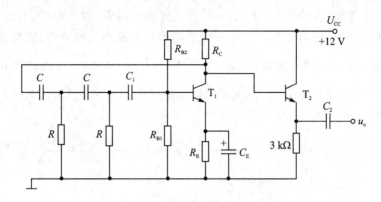

图 1 - 32　RC 移相式振荡器

④ 振荡频率通常是取决于相位平衡条件还是幅度平衡条件？为什么？

七、实验报告

① 由给定电路参数计算振荡频率，并与实测值比较，分析误差产生的原因。
② 总结三类 RC 振荡器的特点。

实验九　甲乙类单电源互补对称功率放大器

一、实验目的

① 进一步理解 OTL 功率放大器的工作原理。
② 学会 OTL 电路的调试及主要性能指标的测试方法。

二、预习要求

① 复习有关 OTL 工作原理部分的内容。
② 阅读本实验的内容和步骤。
③ 为了不损坏输出管，调试中应注意什么问题？
④ 如电路有自激现象，应如何消除？
⑤ 使用 Multisim 10 仿真软件对实验内容进行仿真。

三、实验原理

图 1 - 33 所示为 OTL 低频功率放大器。其中由晶体三极管 T_1 组成推动级（也称前置放大级），T_2、T_3 是一对参数对称的 NPN 和 PNP 型晶体三极管，它们组成互补推挽 OTL 功放电路。由于每一个管子都接成射极输出器形式，因此具有输出电阻低，负载能力强等优点，适合于做功率输出级。T_1 管工作于甲类状态，其集电极电

流 I_{C1} 由电位器 R_{P1} 进行调节。I_{C1} 的一部分流经电位器 R_{P2} 及二极管 D，给 T_2、T_3 提供偏压。调节 R_{P2}，可以使 T_2、T_3 得到合适的静态电流而工作于甲、乙类状态，以克服交越失真。静态时要求输出端中点 A 的电位 $U_A = \frac{1}{2}U_{CC}$，可以通过调节 R_{P1} 来实现，又由于 R_{P1} 的一端接在 A 点，因此在电路中引入交、直流电压并联负反馈，一方面能够稳定放大器的静态工作点，同时也改善了非线性失真。

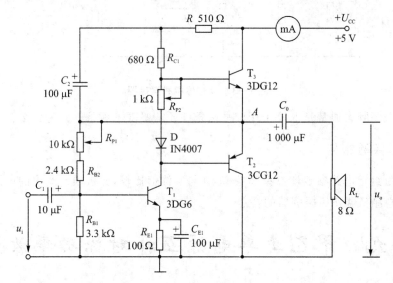

图 1 - 33　OTL 功率放大器实验电路

当输入正弦交流信号 u_i 时，经 T_1 放大、倒相后同时作用于 T_2、T_3 的基极，u_i 的负半周使 T_2 管导通（T_3 管截止），有电流通过负载 R_L，同时向电容 C_0 充电，在 u_i 的正半周，T_3 导通（T_2 截止），则已充好电的电容器 C_0 起着电源的作用，通过负载 R_L 放电，这样在 R_L 上就得到完整的正弦波。

C_2 和 R 构成自举电路，用于提高输出电压正半周的幅度，以得到大的动态范围。

OTL 电路的主要性能指标如下。

1. 最大不失真输出功率 P_{om}

理想情况下，$P_{om} = \frac{1}{8}\frac{U_{CC}^2}{R_L}$。在实验中可通过测量 R_L 两端的电压有效值来求得实际的 P_{om}，$P_{om} = \frac{U_o^2}{R_L}$。

2. 效率 η

$\eta = \dfrac{P_{om}}{P_E} \times 100\%$，式中，$P_E$——直流电源供给的平均功率。

理想情况下，$\eta_{max} = 78.5\%$。在实验中，可测量电源供给的平均电流 I_{dC}，从而求得 $P_E = U_{CC} \cdot I_{dC}$，负载上的交流功率已用上述方法求出，因而也就可以计算实际效率了。

3. 频率响应

测试方法详见实验二有关部分内容。

4. 输入灵敏度

输入灵敏度是指输出最大不失真功率时,输入信号 U_i 之值。

四、实验器材

低频信号发生器	1 台
数字示波器	1 台
晶体管毫伏表	1 台
万用表	1 只
模拟电子技术实验箱	1 台

五、实验内容与方法

在整个测试过程中,电路不应有自激现象。

1. 静态工作点的测试

按图 1 - 33 连接实验电路,将输入信号旋钮旋至零($u_i=0$),电源进线中串入直流毫安表,电位器 R_{P2} 置最小值,R_{P1} 置中间位置。接通＋5 V 电源,观察毫安表指示,同时用手触摸输出级管子,若电流过大,或管子温升显著,应立即断开电源检查原因(如可能是 R_{P2} 开路,电路自激,或输出管性能不好等)。如无异常现象,可开始调试。

(1) 调节输出端中点电位 U_A

调节电位器 R_{P1},用直流电压表测量 A 点电位,使 $U_A=\frac{1}{2}U_{CC}$。

(2) 调整输出极静态电流及测试各级静态工作点

调节 R_{P2},使 T_2、T_3 管的 $I_{C2}=I_{C3}=5\sim10$ mA。从减小交越失真角度而言,应适当加大输出级静态电流,但该电流过大,会使效率降低,所以一般以 $5\sim10$ mA 左右为宜。由于毫安表是串在电源进线中,因此测得的是整个放大器的电流,但一般 T_1 的集电极电流 I_{C1} 较小,从而可以把测得的总电流近似当作末级的静态电流。如要准确得到末级静态电流,则可从总电流中减去 I_{C1} 之值。

调整输出级静态电流的另一方法是动态调试法。先使 $R_{P2}=0$,在输入端接入 $f=1$ kHz 的正弦信号 u_i。逐渐加大输入信号的幅值,此时,输出波形应出现较严重的交越失真(注意:没有饱和和截止失真),然后缓慢增大 R_{P2},当交越失真刚好消失时,停止调节 R_{P2},恢复 $u_i=0$,此时直流毫安表读数即为输出级静态电流。一般数值也应在 $5\sim10$ mA 左右,如过大,则要检查电路。

输出级电流调好以后,测量各级静态工作点,记入表 1 - 31 中。

表 1-31 各级静态工作点

项 目	T₁	T₂	T₃
U_B/V			
U_C/V			
U_E/V			

注：测试条件 $I_{C2} = I_{C3} = (5 \sim 10)$ mA, $U_A = 2.5$ V。

注意：

① 在调整 R_{P2} 时，一是要注意旋转方向，不要调得过大，更不能开路，以免损坏输出管。

② 输出管静态电流调好，如无特殊情况，不得随意旋动 R_{P2} 的位置。

2. 最大输出功率 P_{om} 和效率 η 的测试

(1) 测量 P_{om}

输入端接 $f = 1$ kHz 的正弦信号 u_i，输出端用示波器观察输出电压 u_o 波形。逐渐增大 u_i，使输出电压达到最大不失真输出，用交流毫伏表测出负载 R_L 上的电压 U_{om}，则 $P_{om} = \dfrac{U_{om}^2}{R_L}$。

(2) 测量 η

当输出电压为最大不失真输出时，读出直流毫安表中的电流值，此电流即为直流电源供给的平均电流 I_{dc}（有一定误差），由此可近似求得 $P_E = U_{CC} I_{dc}$，再根据上面测得的 P_{om}，即可求出 $\eta = \dfrac{P_{om}}{P_E} \times 100\%$。

3. 输入灵敏度测试

根据输入灵敏度的定义，只要测出输出功率 $P_o = P_{om}$ 时的输入电压值 U_i 即可。

4. 频率响应的测试

测试方法同实验二。将参数记入表 1-32 中。

表 1-32 频率响应的测试表

项 目		f_L		f_0		f_H	
f(Hz)				1000			
U_o(V)							
A_u							

注：测试条件 $U_i = 10$ mA。

注意： 在测试时，为保证电路的安全，应在较低电压下进行，通常取输入信号为输入灵敏度的 50%。在整个测试过程中，应保持 U_i 为恒定值，且输出波形不得失真。

5. 研究自举电路的作用

① 测量有自举电路,且 $P_o = P_{om}$ 时的电压增益 $A_u = \dfrac{U_{om}}{U_i}$。

② 将 C_2 开路,R 短路(无自举),再测量 $P_o = P_{om}$ 时的 A_u。

用示波器观察①、②两种情况下的输出电压波形,并将以上两项测量结果进行比较,分析研究自举电路的作用。

6. 噪声电压的测试

测量时将输入端短路($u_i = 0$),观察输出噪声波形,并用交流毫伏表测量输出电压,即为噪声电压 U_N,本电路若 $U_N < 15$ mV,即满足要求。

7. 试　听

输入信号改为录音机输出,输出端接试听音箱及示波器。开机试听,并观察语言和音乐信号的输出波形。

六、实验思考

① 为什么引入自举电路能够扩大输出电压的动态范围?

② 交越失真产生的原因是什么?怎样克服交越失真?

③ 电路中电位器 R_{P2} 如果开路或短路,对电路工作有何影响?

七、实验报告

① 根据实验数据,计算静态工作点、最大不失真输出功率 P_{om} 和效率 η 等,并与理论值进行比较,画出响应曲线。

② 分析自举电路的作用。

③ 讨论实验中发生的问题及解决办法。

实验十　集成功率放大电路

一、实验目的

① 熟悉功率放大器的工作原理。

② 熟悉与使用集成功率放大器 LM386。

③ 熟练掌握功放电路输出功率及效率的测试方法。

二、预习要求

① 复习有关功率放大器的基本内容。

② 查阅相关资料,了解 LM386 的内部电路原理。

③ 阅读本实验内容和步骤。

④ 使用 Multisim 10 仿真软件对实验内容进行仿真。

三、实验电路与原理

在许多电子仪器中,经常要求放大电路的输出级能够带动某种负载,例如驱动电表,使其指针偏转;驱动扬声器,使之发出声音等。在这些场合下,要求放大电路有足够大的输出功率,这种电路也通常被称为功率放大器,简称"功放"。

集成功放一般由集成功放模块和一些外部阻容元件构成。它具有线路简单,性能优越,工作可靠,调试方便等特点。集成功放的种类很多,本实验采用的集成功放型号为 LM386N,它是一款通用型音频功放集成电路,具有以下特点:

频响宽:可达数百千赫;

电源电压范围宽:4~16 V;

静态功耗低,约为 4 mA,可用于电池供电;

电压增益可调:20~200;

外接元件少,使用时不需加散热片,低失真度。

LM386N 内部电路如图 1-34 所示。它由输入级、驱动级和输出级组成。

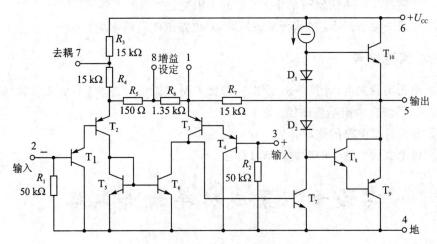

图 1-34　LM386 内部电路图

1. 输入级

由 T_2、T_3 晶体管组成差放电路,双入单出;T_1、T_4 晶体管为偏置电路;T_5、T_6 晶体管为恒流源负载。

2. 驱动级

由 T_7 晶体管组成共射放大电路,该管集电极带有恒流源负载。

3. 输出级

由 $T_8 \sim T_{10}$ 晶体管组成准互补功放电路，其中 T_8、T_9 复合组成等效 PNP 型晶体管，D_1、D_2 是输出级的小偏置电路，减少交越失真。

图 1-35 为 LM386N 外部接线图，图 1-36 为 LM386N 的引脚排列图。引脚 2、引脚 3 为两个输入端，其中反相输入端 2 接地，u_i 由 3 端输入。引脚 1 与引脚 8 为增益设定端。当 1、8 端断开时，设 u_i 由 3 端输入，则该电路闭环电压增益为

$$\dot{A}_{uF} \approx 1 + \frac{R_7}{\dfrac{R_5 + R_6}{2}} = \frac{15 \text{ k}\Omega}{\dfrac{150 \text{ }\Omega + 1.35 \text{ k}\Omega}{2}} = 20$$

当 1、8 端之间外接 10 μF 电容器时，$A_{uF} \approx 20$。

当 1、8 端之间接入 0.68 kΩ 电阻与 10 μF 电容的串联电路时，则 $A_{uF} \approx 51$（结合所学知识，弄清三种增益设定值是如何得来的）。

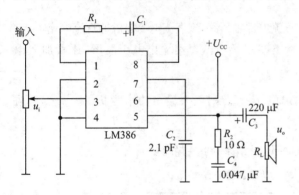

图 1-35　实验电路图

图 1-36　LM386 的引脚排列图

实际应用中，对功放电路有一般要求：

① 根据负载要求可供所需要的输出功率。

② 效率要高。

③ 非线性失真要小。

④ 带负载的能力要强。

根据上述要求，一般多选用工作在甲乙类的射级输出器构成互补对称功率放大电路。

功率放大器的输出功率：　　　　$P_o = U_o^2 / R_L$

直流电源提供的直流功率 ：　　$P_{dc} = U_{CC} I_{CO}$

电路的效率：　　　　　　　　　$\eta = \dfrac{P_o}{P_{dc}}$

四、实验器材

万用表	1 只
数字示波器	1 台

晶体管毫伏表　　　　　　　　　1 台
模拟电子技术实验箱　　　　　　1 台

五、实验内容及方法

按图 1 - 35 连接实验电路,输入接函数信号发生器(注意各个旋钮位置),输出接扬声器。

1. 静态测试

将输入信号旋钮旋至零,接通＋5 V 直流电源,将万用表切换到电流挡,串入直流电源主回路,测出直流电源提供的直流电流 I_{CC},测试静态总电流,以及集成块各引脚对地电压,记入自制表格中。

2. 动态测试

(1) 测试最大输出功率的效率

① 将万用表切换到电流挡,串入直流电源主回路,测直流电源提供的直流电流 I_{CO}。

② 输入端接 1 kHz 正弦信号,输出端用示波器观察输出电压波形,逐渐加大输入信号幅度,使输出电压最大且不失真。

③ 用交流毫伏表测量此时的输出电压 U_{om},则最大输出功率为 $P_{om}=\dfrac{U_{om}^2}{R_L}$,经两次测量后并填写表至 1 - 33。

④ 改变电容 C_1,重做上述内容,并记录结果(可多次测量)。

表 1 - 33　功率测量记录表

总功率 P_{dc}		电压增益、输出功率及效率			
U_{CC}/V	I_{CC}/mA	U_{om}/V	R_L	A_u	P_{om}
$P_{dc}=$		$\eta=$			

(2) 输入灵敏度

根据输入灵敏度的定义,只要测出输出功率 $P_o=P_{om}$ 时的输入电压值 U_i 即可。

(3) 频率响应

测试方法同单管实验。测量结果填入表 1 - 34 中。

表 1 - 34　频率响应测量记录表　　　　　　$U_i=10$ mV

参　数	f_L			f_0			f_H	
f/Hz				1 000				
U_o								
A_u								

（4）噪声电压测量

将输入端短路（$U_i=0$），观察输出电压波形，并用交流毫伏表测量输出电压，即为噪声电压 U_N。

*3. 用 Multisim 10 进行仿真

使用 Multisim 10 仿真软件对以上内容进行仿真，将结果与硬件实验相比较。

六、实验思考

① 能不能将 LM386 的 2 脚接地，3 脚接在电位器 R_P 的动触点上？
② 思考三组元器件① C_2；② C_3；③ R_2 和 C_4 的作用。
③ 为什么 1、8 脚之间接入电容后，音量变大，但音质变差了一些？
④ 比较仿真结果与硬件实验的不同。

七、实验报告

① 列出实验测试数据，完成理论计算，填好相应的表格。
② 画出频率响应曲线，并与单管放大器频率响应曲线比较。
③ 完成思考题。

实验十一　　串联型晶体管稳压电源

一、实验目的

① 研究单相桥式整流、电容滤波电路的特性。
② 掌握串联型晶体管稳压电源主要技术指标的测试方法。

二、预习要求

① 复习教材中有关分立元件稳压电源部分内容，并根据实验电路参数估算 U_o 的可调范围及 $U_o=12$ V 时 T_1 和 T_2 管的静态工作点（假设调整管的饱和压降 $U_{CES}\approx$ 1 V）。
② 阅读本实验内容和步骤。
③ 使用 Multisim 10 仿真软件对实验内容进行仿真。

三、实验原理

电子设备一般都需要直流电源供电。这些直流电源除了少数是直接利用干电池或直流发电机外，大多数是采用把交流电（市电）转变为直流电的直流稳压电源。

直流稳压电源由电源变压器、整流电路、滤波电路和稳压电路四部分组成，其原理框图如图 1-37 所示。电网供给的交流电压 u_1（220 V，50 Hz）经电源变压器降压后,得到符合电路需要的交流电压 u_2,然后由整流电路变换成方向不变、大小随时间变化的脉动电压 U_3,再用滤波器滤去其交流分量,就可得到比较平直的直流电压 U_1。但这样的直流输出电压还会随交流电网电压的波动或负载的变动而变化。但是在对直流供电要求较高的场合,还需要使用稳压电路,以保证输出直流电压更加稳定。

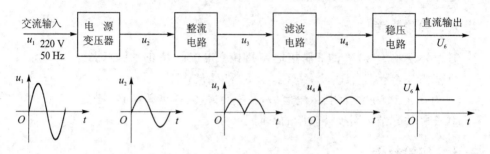

图 1-37　直流稳压电源框图

图 1-38 是由分立元件组成的串联型稳压电源的电路图。其整流部分为单相桥式整流、电容滤波电路。稳压部分为串联型稳压电路,它由调整元件(晶体管 T_1)、比较放大器 T_2、R_7、取样电路 R_1、R_2、R_P、基准电压 D_W、R_3 和过流保护电路 T_3 晶体管及电阻 R_4、R_5、R_6 等组成。整个稳压电路是一个具有电压串联负反馈的闭环系统,其稳压过程为:当电网电压波动或负载变动引起输出直流电压发生变化时,取样电路取出输出电压的一部分送入比较放大器,并与基准电压进行比较,产生的误差信号经 T_2 放大后送至调整管 T_1 的基极,使调整管改变其管压降,以补偿输出电压的变化,从而达到稳定输出电压的目的。

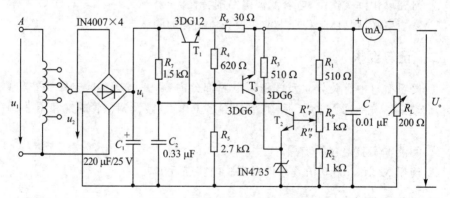

图 1-38　串联型稳压电源实验电路

在稳压电路中,调整管与负载串联,流过它的电流与负载电流几乎一样大。当输出电流过大或发生短路时,调整管会因电流过大或电压过高而损坏,所以需要对调整管加以保护。在图 1-38 电路中,晶体管 T_3、R_4、R_5、R_6 组成减流型保护电路。此电路设计在 $I_{op} = 1.2I_o$ 时开始起保护作用,此时输出电流减小,输出电压降低。故障排除后电路应能自动恢复正常工作。在调试时,若保护提前作用,应减少 R_6 值;若保护作用迟后,则应增大 R_6 之值。

稳压电源的主要性能指标:

1. 输出电压 U_o 和输出电压调节范围

$$U_o = \frac{R_1 + R_P + R_2}{R_2 + R_P''}(U_Z + U_{BE2})$$

调节 R_P 可以改变输出电压 U_o。

2. 最大负载电流 I_{om}

负载端接入大功率可调电阻,缓慢调小该电阻时电流增大,当电流增加导致输出电压下降 5%,此时的电流即为最大负载电流。

3. 输出电阻 R_o

输出电阻 R_o 定义为:当输入电压 U_i(指稳压电路输入电压)保持不变,由于负载变化而引起的输出电压变化量与输出电流变化量之比,即

$$R_o = \frac{\Delta U_o}{\Delta I_o}\bigg|_{U_i = 常数}$$

4. 稳压系数 S(电压调整率)

稳压系数定义为:当负载保持不变时,输出电压相对变化量与输入电压相对变化量之比,即

$$S = \frac{\Delta U_o / U_o}{\Delta U_o / U_i}\bigg|_{R_L = 常数}$$

由于工程上常把电网电压波动 ±10% 作为极限条件,因此也有将此时输出电压的相对变化 $\Delta U_o / U_o$ 作为衡量指标,称为电压调整率。

5. 纹波电压

输出纹波电压是指在额定负载条件下,输出电压中所含交流分量的有效值(或峰值)。

四、实验器材

低频信号发生器	1 台
数字示波器	1 台
晶体管毫伏表	1 台
万用表	1 只
模拟电子技术实验箱	1 台

五、实验内容与方法

1. 整流滤波电路测试

按图 1-39 连接实验电路。取可调工频电源电压为 16 V，作为整流电路输入电压 u_2。

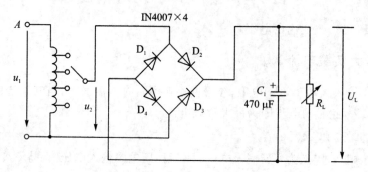

图 1-39　整流滤波电路

① 取 $R_L=240\ \Omega$，不加滤波电容，测量直流输出电压 U_L 及纹波电压 $\tilde{U}_L$，并用示波器观察 u_2 和 U_L 波形，记入表 1-35 中。

② 取 $R_L=240\ \Omega$，$C=470\ \mu F$，重复内容①的要求，记入表 1-35 中。

③ 取 $R_L=120\ \Omega$，$C=470\ \mu F$，重复内容①的要求，记入表 1-35 中。

表 1-35　整流滤波电路测试记录

电路形式		U_L/V	$\tilde{U}_L/V$	u_L波形
$R_L=240\ \Omega$				
$R_L=240\ \Omega$ $C=470\ \mu F$				
$R_L=120\ \Omega$ $C=470\ \mu F$				

注：测试条件是 $U_2=16\ V$。

注意:

① 每次改接电路时,必须切断交流电源。

② 在观察输出电压 U_L 波形的过程中,"Y 轴灵敏度"旋钮位置调好以后,不要再变动,否则将无法比较各波形的脉动情况。

2. 串联型稳压电源性能测试

切断交流电源,在图 1-39 基础上按图 1-38 连接实验电路。

(1) 初 测

稳压器输出端负载开路,断开保护电路,接通 16 V 工频电源,测量整流电路输入电压 u_2,滤波电路输出电压 U_i(稳压器输入电压)及输出电压 U_o。调节电位器 R_P,观察 U_o 的大小和变化情况,如果 U_o 能跟随 R_P 线性变化,这说明稳压电路各反馈环路工作基本正常。否则,说明稳压电路有故障,因为稳压器是一个深负反馈的闭环系统,只要环路中任一个环节出现故障(某管截止或饱和),稳压器就会失去自动调节功能。此时可分别检查基准电压 U_Z,输入电压 U_i,输出电压 U_o,以及比较放大器和调整管各电极的电位(主要是 U_{BE} 和 U_{CE}),分析它们的工作状态是否都处在线性区,从而找出不能正常工作的原因。排除故障后就可以进行下一步测试。

(2) 测量输出电压可调范围

接入负载 R_L(滑线变阻器),并调节 R_L,使输出电流 $I_o \approx 100$ mA。再调节电位器 R_P,测量输出电压可调范围 $U_{omin} \sim U_{omax}$。且使 R_P 动点在中间位置附近时 $U_o = 12$ V。若不满足要求,可适当调整 R_1、R_2 之值。

(3) 测量各级静态工作点

调节输出电压 $U_o = 12$ V,输出电流 $I_o = 100$ mA,测量各级静态工作点,记入表 1-36 中。

表 1-36　各级静态工作点测量记录表

电压值	T_1	T_2	T_3
U_B/V			
U_C/V			
U_E/V			

注:测试条件是 $u_2 = 16$ V,$U_o = 12$ V,$I_o = 100$ mA。

(4) 测量稳压系数 S

取 $I_o = 100$ mA,按表 1-37 改变整流电路输入电压 u_2(模拟电网电压波动),分别测出相应的稳压器输入电压 U_i 及输出直流电压 U_o,并记入表 1-37 中。

(5) 测量输出电阻 R_o

取 $u_2 = 16$ V,改变滑线变阻器位置,使 I_o 为空载、50 mA 和 100 mA,测量相应的 U_o 值,并记入表 1-38 中。

表 1-37　稳压系数测量表

测试值			计算值
u_2/V	U_1/V	U_o/V	S
14			$S_{12}=$
16		12	
18			$S_{23}=$

注:测试条件是 $I_o=100$ mA。

表 1-38　输出电阻测量表

测试值		计算值
I_o/mA	U_o/V	R_o/Ω
空载		$R_{o12}=$
50	12	
100		$R_{o23}=$

注:测试条件是 $u_2=16$ V。

(6) 测量输出纹波电压

取 $u_2=16$ V、$U_o=12$ V、$I_o=100$ mA,测量输出纹波电压 U_o,记录之。

(7) 调整过流保护电路

① 断开交流电源,接上保护回路,再接通工频电源,调节 R_P 及 R_L,使 $U_o=12$ V,$I_o=100$ mA,此时保护电路应不起作用。测出 T_3 管各级电位值。

② 逐渐减小 R_L,使 I_o 增加到 120 mA,观察 U_o 是否下降,并测出保护起作用时 T_3 管各极的电位值。若保护作用过早或迟后,可改变 R_6 之值进行调整。

③ 测量 U_o 值同时用导线短接一下输出端,然后去掉导线,观察并检查电路是否能自动恢复正常工作。

六、实验思考

① 说明图 1-38 中 u_2、U_i 和 U_o 的物理意义,并从实验仪器中选择合适的测量仪表。

② 在桥式整流电路实验中,能否用双踪示波器同时观察 u_2 和 U_L 波形,为什么?

③ 在桥式整流电路中,如果某个二极管发生开路、短路或反接三种情况,将会出现什么问题?

④ 为了使稳压电源的输出电压 $U_o=12$ V,则其输入电压的最小值 $U_{i,min}$ 应等于多少?交流输入电压 $U_{2,min}$ 又怎样确定?

⑤ 当稳压电源输出不正常,或输出电压 U_o 不随取样电位器 R_P 而变化时,应如何进行检查找出故障所在?

⑥ 分析保护电路的工作原理。

⑦ 怎样提高稳压电源的性能指标(减小 S 和 R_o)?

七、实验总结

① 对表 1-35 中所测结果进行全面分析,总结桥式整流、电容滤波电路的特点。

② 根据表 1-37 和表 1-38 中所测数据,计算稳压电路的稳压系数 S 和输出电阻 R_o,并进行分析。

③ 分析讨论实验中出现的故障及其排除方法。

实验十二　集成稳压电路

一、实验目的

① 研究集成稳压器的特点和性能指标的测试方法。
② 了解集成稳压器性能扩展的方法。

二、预习要求

① 复习教材中有关集成稳压器部分内容。
② 列出实验内容中所要求的各种表格。
③ 阅读本实验内容和步骤。
④ 使用 Multisim 10 仿真软件对实验内容进行仿真。

三、实验原理

随着半导体工艺的发展,稳压电路也制成了集成器件。由于集成稳压器具有体积小、外接线路简单、使用方便、工作可靠和通用性等优点,因此在各种电子设备中应用十分普遍,基本上取代了由分立元件构成的稳压电路。集成稳压器的种类很多,应根据设备对直流电源的要求来进行选择。对于大多数电子仪器、设备和电子电路来说,通常是选用串联线性集成稳压器。而在这种类型的器件中,又以三端式稳压器应用最为广泛。

W7800 和 W7900 系列三端式集成稳压器的输出电压是固定的,在使用中不能直接进行调整。W7800 系列三端式稳压器输出正极性电压,一般有 5 V、6 V、9 V、12 V、15 V、18 V、24 V 七个档次,输出电流最大可达 1.5 A(加散热片)。同类型 78M 系列稳压器的输出电流为 0.5 A,78L 系列稳压器的输出电流为 0.1 A。若要求负极性输出电压,则可选用 W7900 系列稳压器。

图 1-40 为 W7800 系列的外形和接线图。它有三个引出端,即

输入端(不稳定电压输入端)　　标以"1"
输出端(稳定电压输出端)　　标以"3"
公共端　　　　　　　　　　标以"2"

除固定输出三端稳压器外,还有可调式三端稳压器,它可通过外接元件对输出电压进行调整,以适应不同的需要。

图 1-41 为 W7900 系列(输出负电压)外形及接线图。

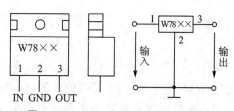

图 1-40　W7800 系列外形及接线图

图 1-42 为可调输出正三端稳压器 W317 外形及接线图。

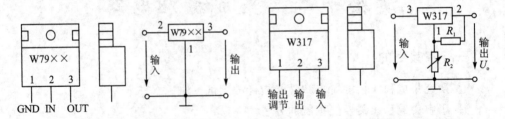

图 1-41　W7900 系列外形及接线图　　　图 1-42　W317 外形及接线图

本实验所用集成稳压器为三端固定正稳压器 W7812，其主要参数有：

输出直流电压　　　　　　　$U_o = +12\ \text{V}$

输出电流　　　　　W78L12 为 0.1 A，W78M12 为 0.5 A

电压调整率　　　　　10 mV/V

输出电阻　　　　　　$R_o = 0.15\ \Omega$

输入电压　U_1 的范围为 15～17 V（一般 U_1 要比 U_o 大 3～5 V，才能保证集成稳压器工作在线性区）。

图 1-43 是用三端式稳压器 W7812 构成的单电源电压输出串联型稳压电源的实验电路图。其中整流部分采用了由四个二极管组成的桥式整流器成品（又称桥堆），型号为 2W06（或 KBP306），内部接线和外部引脚如图 1-44 所示。滤波电容 C_1、C_2 一般选取几百～几千微法。当稳压器距离整流滤波电路比较远时，在输入端必须接入电容器 C_3（数值为 0.33 μF），以抵消线路的电感效应，防止产生自激振荡。输出端电容 C_4（0.1 μF）用以滤除输出端的高频信号，改善电路的暂态响应。

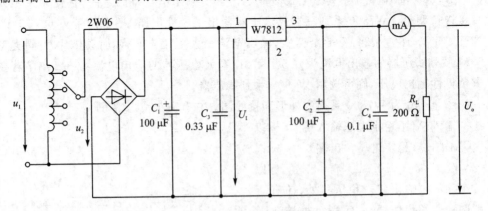

图 1-43　由 W7815 构成的串联型稳压电源

图 1-45 为正、负双电压输出电路，例如需要 $U_{o1} = +15\ \text{V}$，$U_{o2} = -15\ \text{V}$ 时，则可选用 W7815 和 W7915 三端稳压器，这时的 U_1 应为单电压输出时的两倍。

当集成稳压器本身的输出电压或输出电流不能满足要求时，可通过外接电路来

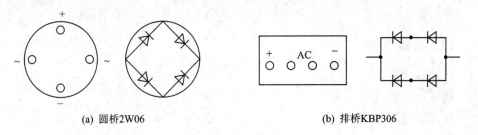

(a) 圆桥2W06　　　　　　　　　　　　(b) 排桥KBP306

图 1 - 44　桥堆引脚图

进行性能扩展。图 1 - 46 是一种简单的输出电压扩展电路。如 W7812 稳压器的 3、2 端间输出电压为 12 V,因此只要适当选择 R 的值,使稳压管 D_W 工作在稳压区,则输出电压 $U_o = 12 \text{ V} + U_{D_W}$,可以提高稳压器本身的输出电压。

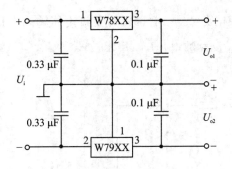

图 1 - 45　正、负双电压输出电路

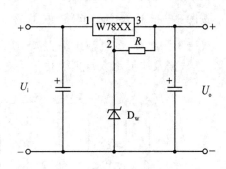

图 1 - 46　输出电压扩展电路

图 1 - 47 是通过外接晶体管 T 及电阻 R 来进行电流扩展的电路。电阻 R 的阻值由外接晶体管的发射结导通电压 U_{BE}、三端式稳压器的输入电流 I_i(近似等于三端稳压器的输出电流 I_{o1})和 T 的基极电流 I_B 来决定,即

$$R_1 = \frac{U_{BE}}{I_R} = \frac{U_{BE}}{I_E - I_B} = \frac{U_{BE}}{I_{o1} - \dfrac{I_C}{\beta}}$$

式中:I_C 为晶体管 T 的集电极电流,它等于 $I_o - I_{o1}$;β 为 T 的电流放大系数;对于锗管 U_{BE} 可按 0.3 V 估算,对于硅管 U_{BE} 可按 0.7 V 估算。

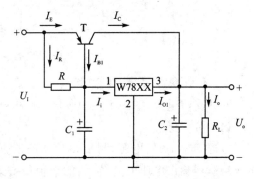

图 1 - 47　输出电流扩展电路

参见图 1 - 42,对可调输出正三端稳压器 W317 有

输出电压计算公式　　　　　　$U_o \approx 1.25 \left(1 + \dfrac{R_2}{R_1} \right)$

最大输入电压　　　　　　　　$U_{im} = 40 \text{ V}$

输出电压范围　　　　　　　　$U_o = 1.2 \sim 37$ V

四、实验器材

低频信号发生器　　　　　　　　1 台
数字示波器　　　　　　　　　　1 台
晶体管毫伏表　　　　　　　　　1 台
万用表　　　　　　　　　　　　1 只
模拟电子技术实验箱　　　　　　1 台

五、实验内容与方法

1. 整流滤波电路测试

按图 1-48 连接实验电路,取可调工频电源 14 V 电压作为整流电路输入电压 u_2。接通工频电源,测量输出端直流电压 U_L 及纹波电压 $\tilde{U}_L$,用示波器观察 u_2,U_L 的波形,把数据及波形记入自拟表格中。

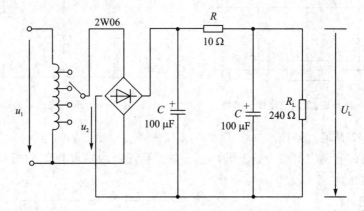

图 1-48　整流滤波电路

2. 集成稳压器性能测试

断开交流电源,按图 1-43 改接实验电路,取负载电阻 $R_L = 120$ Ω。

(1) 初　测

接通工频 14 V 电源,测量 u_2 值。测量滤波电路输出电压 U_i(稳压器输入电压),集成稳压器输出电压 U_o。它们的数值应与理论值大致符合,否则说明电路出了故障,需设法查找故障并加以排除。

电路经初测进入正常工作状态后,才能进行各项指标的测试。

(2) 各项性能指标测试

① 输出电压 U_o 和最大输出电流 I_{om} 的测量 。

在输出端接负载电阻 $R_L = 120$ Ω,由于 LM7812 输出电压 $U_o = 12$ V,因此流过

R_L的电流 $I_{om} = \dfrac{12\ \text{V}}{120\ \Omega} = 100\ \text{mA}$。这时 U_o 应基本保持不变,若变化较大则说明集成块性能不良。

② 稳压系数 S 的测量。

③ 输出电阻 R_o 的测量。

④ 输出纹波电压的测量。

②、③、④的测试方法同实验十一,把测量结果记入自拟表格中。

*（3）集成稳压器性能扩展

根据实验器材,选取图 1-45 、图 1-46 或图 1-42 中各元器件,自拟测试方法与表格,并记录实验结果。

六、实验思考

在测量稳压系数 S 和内阻 R_o 时,应怎样选择测试仪表?

七、实验报告

① 整理实验数据,计算 S 和 R_o,并与手册上的典型值进行比较。

② 分析讨论实验中发生的现象和问题。

第2章 模拟电子技术提高型实验

实验一 自动控制电路的设计

一、实验目的

① 掌握直流稳压电源的设计。
② 掌握如何控制执行机构进行动作。

二、简要说明

光控电路应用广泛,其一般控制过程是:当人手或物体接近时,红外发射光电管发出的红外线经人工或物体反射到红外接收光电管,接收光电管接收到反射的光信号后自动转换为电信号,经后续电路进一步放大、整形,最后经驱动电路控制执行机构动作;当人工或物体离开时,接收光电管接收不到反射的光信号,执行机构不动作。

三、预习任务和要求

① 熟悉直流稳压电源的各部分结构、功能及参数计算方法。
② 熟悉集成运算放大器的应用。
③ 了解光电器件的工作原理。
④ 掌握控制执行机构进行动作的方法。

四、实验电路原理与电路图

电路提供给光电发射管的工频电源采用工频 50 Hz 交流电,接收光电管输出的 50 Hz 半波脉冲是准交流信号,对变化缓慢的光源干扰能有效滤除,提高了抗干扰性能,简化了电路。

部分电路原理及框图如图 2-1 所示。

电路中,供电电源采用变压器降压方式,加到执行机构的电压为 12 V,12 V 交流电压经 R_3 限流,将 50 Hz 的交流电提供给发射光电管 D_6 工作;另一路经全波整流稳压电路 $D_1 \sim D_4$,将电压稳定到 12 V,供后续电路工作用。当接收光电管 D_7 接收到微弱的反射光信号后,将其转换成半波脉动直流电信号,该信号经 C_4 耦合到第一级运放的正输入端(3 脚)进行放大,2 脚负输入端加入一个小的偏置电压,防止小信号干扰。从 1 脚输出放大后的信号经过 R_8、D_5、C_5 整形和平滑处理成为直流信号,送到

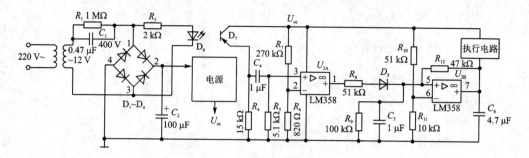

图 2-1　光控电路原理及框图

第二级运放的 5 脚正输入端；第二级运放作为电压比较器，比较器的翻转电压由第二级运放 6 脚负输入端外接的 R_{10}、R_{11} 分压值决定。R_{12} 是运放的正反馈电阻，与 C_5、C_6 共同构成延时电路。

五、实验内容

① 结合已知电路和自己设计的电路得到 12 V 直流电压。

② 完成运放部分的电路连接并注意测试点的放置。

③ 完成控制部分的电路设计并连接。

④ 最后进行整体电路的调试。

六、实验报告

① 写出设计任务的设计过程。

② 记录检测结果，并进行分析。

③ 完整叙述整个电路的工作原理。

④ 分析安装与调试中发现的问题及故障排除的方法。

七、注意事项

① 红外发射管和接收管安装不能太靠近，两者之间要做光隔离，以防止互相产生干扰产生误动作。

② 在红外发射管和接收管前端的感光透光窗可以用黑色环氧树脂材料，能较好防止可见光的干扰，也可以采用深红色有机玻璃制作。

八、实验仪器

低频信号发生器	1 台
数字示波器	1 台
万用表	1 只
电烙铁等工具	1 套

多路直流稳压电源　　　　　　　　　　1 台

九、主要参考器件

运算放大器 LM358

变压器～220～12 V

二极管 IN4007、IN4148 等若干

发光二极管、5 V 继电器

红外发射管、接收管

电阻、电容若干

实验二　简易逻辑笔电路

一、实验目的

① 学会运算放大器 LM324 的使用及其单元电路的设计。

② 掌握一般逻辑电路的测试方法。

二、简要说明

逻辑笔是设计和维修电脑、游戏机等数字电路产品不可缺少的廉价工具,它用发光二极管直接显示各种逻辑电路的逻辑状态,能够判断并显示逻辑电路中的高低电平、脉冲有无、并能发出两种不同频率的提示音;如与脉冲信号发生器配合使用,就能通过有无脉冲信号来判断线路的通断,是技术人员尤其是维修技术人员不可缺少的廉价工具。

三、预习任务和要求

① 预习有关数字逻辑电平的基本知识。

② 学会运算放大器使用单电源的方法。

③ 使用 Multisim 10 软件对实验电路图的仿真,记录有关数据。

四、实验电路原理及电路图

电路原理图见图 2-2。该电路主要使用了一片四运放集成电路 LM324,其中 U_{1A}、U_{1B} 与 R_1、R_2、R_3、R_4、R_5 的分压设置组成双限窗口比较器,R_1、R_2 分压将 U_{1A} 的同相输入端和 U_{1B} 的反向输入端设置在 1.8 V,R_3、R_4、R_5 的分压使窗口比较器的上、下基准电压分别为 2.4 V、0.6 V。当探针 SR 处于高阻态时,比较器 U_{1A}、U_{1B} 输出低电平,通过 D_3、D_4 的箝位,U_{1C}、U_{1D} 的反相端电位不能上升。U_{1C}、U_{1D} 与外围电路组成受控自激多谐振荡器,此时不能工作,通过两者输入端比较输出高电平,D_5、D_6 截

止不发光，T_1 截止，小型扬声器无声。当探针 SR 处于高电平时，D_3 截止，U_{1C} 工作，D_5-R 导通并发出红光，T_1 导通，小型扬声器发声。当探针 SR 处于低电平时，D_4 截止，U_{1D} 工作，D_5-G 导通并发出绿光，T_1 导通，小型扬声器发不同声音。如果扬声器发出了交替信号声，则表示检测到了振荡信号。

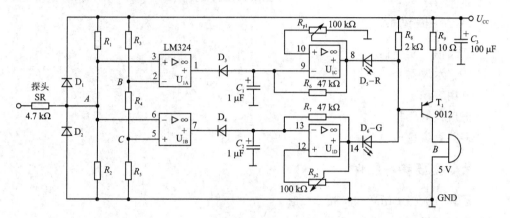

图 2 - 2　电路原理图

五、实验内容

① 确定电路中 R_1、R_2、R_3、R_4、R_5 的参数。按电路原理图，对照图 2 - 3 引脚图连接各级电路。

② 接入电源 5 V，用万用表分别测量 A、B、C 点电压是 1.8 V、2.4 V 和 0.6 V 吗？如不是，则重复①的步骤。

③ 将探头分别接高电平 5 V 和低电平 0 V，观察 LED 是否正常发光，如不正常请检测 U_{1A}、U_{1B} 比较器。

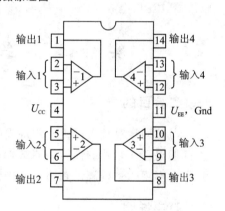

图 2 - 3　LM324 引脚图

④ 用可调电阻或电位器分别调节 A、B、C 三点电压是 2.4 V、1.8 V 和 0.6 V 吗？看 LED 是否正常发光，如不正常，重复步骤①、②、③，直至正常为止。

⑤ 声音不理想时可检查 U_{1C}、U_{1D} 电路，必要时可修改电路参数或电路连接。

六、实验报告

① 将实验数据与理论计算值进行比较，进行误差分析。

② 说明二极管 D_1、D_2、D_3、D_4 的作用。

③ 如何选择电路中的 B，是选择扬声器还是蜂鸣器？说明理由。

④ 电路中有一处或多处设计不够合理，请指出并画出更符合原理的电路图。

⑤ 总结实验中所遇到的故障、原因及排除故障情况。

七、注意事项

该电路的供电取自被测电路,不必使用外加电源。

八、实验仪器

低频信号发生器	1 台
数字示波器	1 台
万用表	1 只
电烙铁等工具	1 套
多路直流稳压电源	1 台

九、主要参考器件

运算放大器 LM324、发光二极管

晶体三极管 9012、9013 等

电位器、电阻、电容若干

实验三　温度控制电路

一、实验目的

① 学习差动运算放大器组成的桥式放大电路。

② 掌握迟滞比较器的性能和调试方法。

③ 学会电路的系统调试和测量方法。

二、简要说明

温度控制已经广泛应用于人们的生产和生活中,但市场上很多的温度开关,其温度控制点是固定的。事实上,生产和生活中要用的温度开关,应该在温度的某个范围任意设定。本实验利用 LM35 温度传感器及相应电路来实现这一功能。在该电路的基础上,通过驱动电路的改变还可实现温度自动控制,当温度($-55\sim100$ ℃)超过或降到一定限度时,可发出声光警报,非常适合各种大型饲养场、人工气候、无土栽培等许多场合。它是一个实用、可靠、容易实现手动调节的温度控制器。

三、预习任务和要求

① 阅读有关温度传感器的知识,了解 LM35、AD590 和 DS18B20 的特点。

② 复习教材中有关集成运算放大器的章节,了解差动放大电路的性能和特点。并思考:如果电路不进行调零,将会引起什么结果? 如何设定温度检测控制点?

③ 根据实验任务,自拟实验数据记录表格。

④ 完成电路图 2-4 中框图部分(驱动电路)的设计,并说明其特点。

四、实验电路原理及电路图

图 2-4 是温度控制电路原理图,它是由 LM35 测温电路、差动放大器电路、迟滞比较器及驱动电路组成。

首先,LM35 对被测物体进行温度采集,并将采集信号通过 R_4 送入差动放大器,信号经差动放大器 U_1 放大后,再由迟滞比较器对信号进行比较并输出高电平或低电平信号,此信号经 R_{12} 后驱动控制加热器进行"加热"或"停止"。

从图 2-4 中可以看出,手动调节改变迟滞比较器的比较电压 U_C 即可改变控制温度的范围,而控制温度的精度则由迟滞比较器的回差电压来确定。

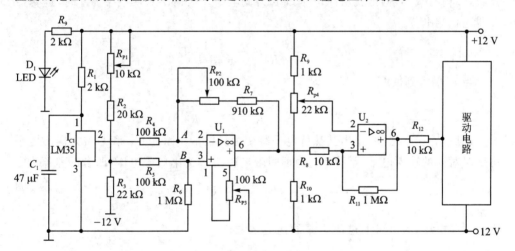

图 2-4　温度控制电路

1. 测量电路

测量电路由 R_1、R_2、R_3、R_{P1} 及 LM35 组成,LM35 的输出电压为: 0 mV/1 ℃～1V/100 ℃,按增量 10mV/1 ℃线性变化。R_{p1} 为温度控制调节电阻。

2. 差动放大电路

差动放大电路由 R_4、R_5、R_6、R_{P2}、R_{P3} 和运算放大器 U_1 构成。此电路主要将测量输出的电压信号按比例进行放大。其放大值为

$$U_{o1} = -\left(\frac{R_7 + R_{P2}}{R_4}\right)U_A + \left(\frac{R_4 + R_7 + R_{P2}}{R_4}\right)\left(\frac{R_6}{R_5 + R_6}\right)U_B \qquad (2-1)$$

当 $R_4 = R_5$,$R_7 + R_{P2} = R_6$ 时

$$U_{o1} = \frac{R_7 + R_{P2}}{R_4}(U_B - U_A) \qquad (2-2)$$

式中，R_{P3} 是差动放大器调零电阻。

3. 迟滞比较器

迟滞比较器由 R_8、R_9、R_{10}、R_{11}、R_{P4} 和运算放大器 U_2 组成，原理电路如图 2-5 所示。

当输出为高电平 U_{OH} 时，运算放大器同相输入端电位

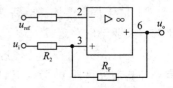

$$u_{+H} = \frac{R_f}{R_2 + R_f}u_i + \frac{R_2}{R_2 + R_F}U_{OH} \qquad (2-3)$$

当 u_i 减小到使 $u_{+H} = U_{ref}$，即

$$u_i = U_{TL} = \frac{R_2 + R_f}{R_F}U_R - \frac{R_2}{R_F}U_{OH} \qquad (2-4)$$

图 2-5　迟滞比较器

此后，u_i 稍有减小，输出就从高电平跳变为低电平。当输出为低电平 U_{OL} 时，运算放大器同相端电位

$$u_{+L} = \frac{R_f}{R_2 + R_F}u_i + \frac{R_2}{R_2 + R_F}U_{OL} \qquad (2-5)$$

当 u_i 增大到使 $U_{+L} = U_{ref}$，即

$$u_i = U_{TH} = \frac{R_2 + R_f}{R_F}U_R - \frac{R_2}{R_F}U_{OL} \qquad (2-6)$$

此后，u_i 稍有增加，输出又从低电平跳变为高电平。因此 U_{TL} 和 U_{TH} 为输出电平跳变时对应的输入电平，常称 U_{TL} 为下门限电压，U_{TH} 为上门限电压，两者的差值为

$$\Delta U_T = U_{TH} - U_{TL} = \frac{R_2}{R_F}(U_{OH} - U_{OL}) \qquad (2-7)$$

称为回差电压，大小可通过调节 $\dfrac{R_2}{R_f}$ 的比值来调整。

可见，图 2-5 所示电路中的差动放大器的输出电压经分压后通过迟滞比较器，再与反相输入端的参考电压 U_{ref} 相比较。当同相输入端的电压信号大于反相输入端的电压时，运算放大器 U_2 输出正的饱和电压，电路工作，负载加热。反之，同相输入信号小于反相输入端电压时，运算放大器 U_2 输出负的饱和电压，负载停止加热。调节 R_{P4} 可改变参考电平，也同时调节了上下门限电平，从而达到设定温度的目的。

五、实验内容

先根据公式计算出相应的电路参数，然后按图 2-4 逐步连接实验电路，在系统调试前须进行各级的调试。

1. 差动放大电路的调试

① 将 A、B 两端对地短路（即 $u_i = 0$），调节 R_{P3} 使 6 脚输出 $U_o = 0$。

② 在 A、B 端分别加入不同的两个直流电压,测量其输出电压值。当电路中,$R_7 + R_{P2} = R_6$,$R_4 = R_5$ 时,其输出电压

$$u_o = \frac{R_7 + R_{P2}}{R_4}(U_B - U_A) \qquad (2-8)$$

在测试时,要注意输入电压不能太大,以免放大电路产生饱和失真。

③ 将 B 点对地短路,把频率为 100 Hz、有效值为 5 mV 的正弦波加入 A 点。用示波器观察输出波形,在输出波形不失真的情况下,用交流毫伏表测出 u_i 和 u_o,算得此差动放大电路的电压放大倍数 A_u。

2. 迟滞比较器调试

电路如图 2-4 所示,首先调 R_{P4} 确定参考电平 $U_{ref} = 2$ V,然后将直流电压加入迟滞比较器的输入端,迟滞比较器的输出信号送入示波器输入端。改变直流输入电压的大小,记录上、下门限电压 U_{TH}、U_{TL}。

3. 温度监测及控制电路整机联调

① 确定电路参数,按电路图(包括设计的电路)连接各级电路。

② 用加热器升温,观察升温情况,直至驱动电路工作,记下此时对应的温度值 t_1 和 U_{o1} 的值。

③ 自然降温,随时准备记下电路解除时所对应的温度值 t_2 和 U_{o2} 的值。

④ 改变控制温度(调节 R_{P4} 即改变 U_{ref}),再做以上内容。自拟实验记录表格把测试结果记入表中。根据 t_1 和 t_2 值,可得到检测灵敏度 $t_o = t_2 - t_1$。

六、实验报告

① 整理实验数据,画出有关温度 $t - U_{o1}$ 曲线、数据表格,并说明如何定标。

② 将实验数据与理论计算值进行比较,进行误差分析,说明为什么要有迟滞比较电路,如果没有该电路又会怎么样?

③ 总结实验中所遇到的故障、原因及排除故障情况。

七、注意事项

① 布线时要注意元件排列紧凑,但不能相碰,避免干扰信号的产生。

② 缩短连线以防止引入干扰,同时又要便于实验测试。

③ 整机联调时元件 R_{P1},R_{P2},R_{P3} 不能随意变动。如有变动,必须重新进行前面内容。

④ 传感器 LM35 和温度计要紧凑安装,避免温度误差。

八、实验仪器

低频信号发生器	1台
数字示波器	1台

万用表	1只
电烙铁等工具	1套
多路直流稳压电源	1台
温度计	1只

九、主要参考器件

温度传感器 LM35，放大器 LM741×2

晶体三极管 9012、9013、稳压二极管

电位器、电阻、电容若干

实验四　　红外遥控开关电路

一、实验目的

① 了解红外线接收电路的工作原理。

② 掌握双稳态触发电路的工作过程。

二、简要说明

现设计一种方便实用的红外无线遥控开关，使用者只要坐在自家的沙发上或在办公桌前，用普通的任一款家电遥控器对准想要控制的电器（嵌入该电路）按任意键，电器就开始（停止）工作，再按遥控器任意键电器就停止（开始）工作，并有指示灯指示。只要用一个红外遥控器就能控制具有开关的所有电器，使用非常方便。

三、预习任务和要求

① 阅读有关红外发射、接收电路的相关知识。

② 熟悉掌握双稳电路的工作原理。

③ 利用仿真软件进行部分电路的仿真和了解有关继电器的知识。

四、实验电路原理及电路图

电路如图 2-6 所示，它由电源电路、红外线接收电路、双稳态触发电路、控制电路等组成。使用者按一次遥控器发射一个信号，红外接收头 IC_1 接收到信号后，3 脚低电平信号使 T_1 饱和、导通，D_5 发光，T_1 输出脉冲同时经 C_3、R_8 组成的微分电路产生负尖脉冲，经 D_6、D_6 向双稳态触发器输入一个触发脉冲，使 T_2、T_3 的状态翻转一次。当 T_3 从截至状态转变成饱和、导通状态时，T_4 截止，继电器释放，切断负载的电源，使其停止工作；当再按一次遥控器时，T_3 由导通转变为截至状态，T_4 导通，继电器吸合，触电闭合，接通负载电源，再次使负载开始工作，实现电路的开启和停止。

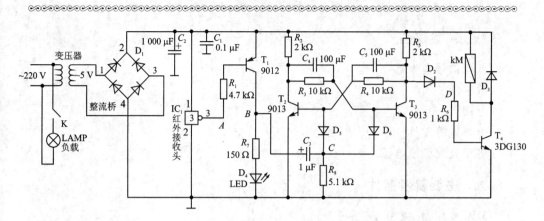

图 2-6　红外遥控开关电路图

五、实验内容

① 根据电路图,选择合适的继电器,将元件在电路板上布局并进行焊接(注意事先留好测试点的位置)。

② 测量电源电压是否正常。

③ 调试时,首先在 B 点与 +6 V(电源)之间用导线快速短路一下后松开,继电器应吸合(或释放),再短路一下松开,继电器应释放(或吸合),如果继电器无反应,就要在 C 点用同样的方法进行试验,如果有反应,则检查双稳电路元件焊接质量和元件参数。必要时用示波器测量 A 点有无波形(A、B、C、D 点为测试点)。

④ 对准红外接收管,按遥控器任意键看电路工作是否正常。

⑤ 选择合适的 C_3、R_8 使开关速度快且可靠。

⑥ 接一只照明灯再进行试验,并不断改变距离,直到电路工作正常和距离合适为止。

六、实验报告

① 根据实验步骤对实验数据和现象进行详细记录。

② 画出 A,B,C,D 点的波形或测出相应的数据。

③ 本实验电路为继电器驱动,请画出使用可控硅驱动照明灯的电路图。

④ 对电路的调试工程进行总结和分析。

七、注意事项

① 根据负载的大小,选择合适的继电器(或可控硅),并确定其型号。

② 在进行交流 220 V 电压负载试验时,应注意人身安全。

八、实验仪器

低频信号发生器	1 台
数字示波器	1 台
万用表	1 只
电烙铁等工具	1 套
多路直流稳压电源	1 台

九、主要参考器件

5 W 变压器～220 V～～5 V

电阻 100 Ω(1/4 W)、2 kΩ(1/4 W)、10 kΩ等若干

二极管　IN4007、4148 等若干

发光二极管、继电器(5 V)

电容　1 000 μF(25 V)、0.1 μF(25 V)等

三极管　1013(PNP)、9013(NPN)

电视机用的普通红外接收头

实验五　使用集成运放 LM324
设计正弦波发生器

一、实验目的

① 学习使用 LM324 以及其他常见元件制作正弦波发生器。

② 学会 RC 正弦波振荡器的制作。

二、简要说明

实际应用中,设计并制作正弦波发生器的方法很多,如利用单片机形成、CPLD设计或集成电路直接获得正弦波信号。然而,如何用价廉的 LM324 设计并制作出输出频率(1 kHz～100 kHz)可调,输出信号幅度(0.5～5 V)可调的方法并不多,如果使用单电源供电,电路成本更低而且实用。

三、预习任务和要求

① 熟悉正弦波振荡电路的工作原理。

② 熟悉集成运算放大器的应用。

③ 使用 Multisim 10 仿真软件对实验内容进行仿真。

四、实验电路图及原理

图 2-7 是一种正弦波振荡电路,它是在没有外加输入信号的情况下,依靠电路自激振荡而产生正弦波输出的电路。振荡电路主要由基本放大电路、选频网络及正反馈网络三部分组成,其中基本放大电路是使电路获得一定幅值的输出量;选频网络是确定电路的振荡频率,保证电路产生正弦波振荡;正反馈网络的作用是在振荡电路中,当没有输入信号的情况下,引入正反馈信号作为输入信号。

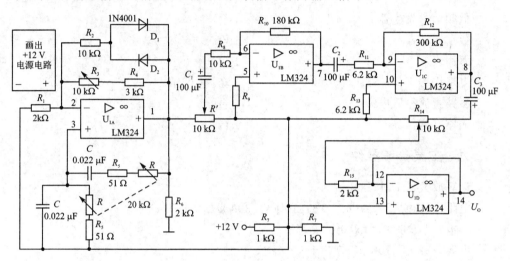

图 2-7　正弦波振荡电路

五、实验内容

① 按图 2-7 连接电路。

② 为该正弦波发生器设计出电源电路。

③ 测量最大输出电压幅度,思考如何调节输出电压的幅度并实现?

④ 测量输出电压的频率范围。

⑤ 测量并记录输出最大带负载能力。

六、实验报告

① 描述整个电路的工作原理。

② 写出电路设计过程。

③ 记录检测结果,并进行数据分析。

④ 分析安装与调试中出现的问题及故障排除的方法。

七、注意事项

① 由于理论与实际的差别,元件本身质量和精度等问题,电路常会出现振荡频率不高及停振等现象,尤其是在使用 LM324 制作振荡器时波形会出现严重失真。

② 调节用电阻为双联同轴电位器。

八、实验仪器

低频信号发生器	1 台
数字示波器	1 台
万用表	1 只
电烙铁等工具	1 套
多路直流稳压电源	1 台
晶体管毫伏表	1 台

九、主要参考器件

运算放大器 LM324 1 片

电阻　1 kΩ、2 kΩ、6.2 kΩ、10 kΩ、300 kΩ等若干

二极管　IN4007、IN4001 等若干

电容　22 pF、100 μF 等若干

实验六　恒压限流型自动充电器设计

一、实验目的

① 掌握自动充电器的设计。

② 学会自动充电器极性判别电路的设计。

二、简要说明

市售小型充电器大多不能很好地实现自动充电后自动输入浮充,有些产品也不能自动判别电池的极性。现设计一个带极性判别电路的自动充电器,并自行计算电路参数,以实现浮充和自动判别电池极性等功能。

三、预习任务和要求

① 熟悉自动充电器的充电方法。

② 掌握集成稳压器的特殊应用方法及原理。

四、实验电路原理及电路图

以 LM317 为核心的标准稳压电源按电池的浮充电压上限来限定充电电压,用 T (3DG6)、R_3 接电池的 4 h 充电率 1,以 $R = \dfrac{0.45}{1}$ Ω 来限定充电电压。这样充电器就能以 4 h 充电率充电 3 h 后充电电流逐步减小充电,8 h 即可完成然后转入浮充状态。

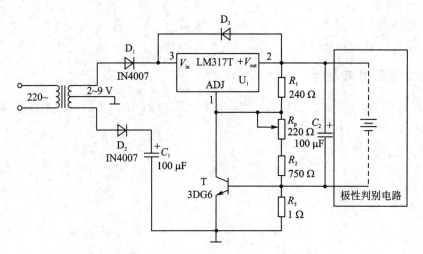

图 2 - 8　恒压限流型自动充电器原理框图

五、实验步骤

① 按图 2 - 8 连接电路。

② 在不加负载电阻和加一个 k Ω 量级负载电阻的两种情况下,分别测出 LM317 的 2 号引脚的电位,并观察此电位是否有变化,若无变化,分析原因。

③ 设计出电池极性识别电路。

④ 整体调试电路。

六、实验报告

① 写出任务的设计过程。

② 记录检测结果,并进行分析。

③ 叙述整个电路的工作原理。

④ 分析安装与调试中发现的问题及故障排除的方法。

七、注意事项

① LM317 根据实际功耗决定散热器面积。

② 镍氢电池以每节电压 1.42 V,干电池以每节 1.64 V,铅电池以每节 2.50 V 来调定输出电压。

八、实验仪器

低频信号发生器	1 台
数字示波器	1 台
万用表	1 只
电烙铁等工具	1 套
多路直流稳压电源	1 台

九、主要参考器件

LM317、三极管 9013、二极管 、IN4007 若干,电阻 750 Ω、240 Ω、1 Ω(1 W)、电位器 240 Ω、电容 100 μF 等若干。

第3章 模拟电子技术研究型实验

实验一 功率放大电路

一、简要说明

在多级放大电路中,输出级常用来驱动一定的装置。例如收音机中扬声器的音圈,电动机的控制绕组等。多级放大电路中除了电压放大外,还要求有一定的功率放大能力,向负载提供驱动功率。从能量的角度看,功率放大电路实质上是能量转换电路,将直流电能转化为交流电能输出。功率放大电路设计过程中需要重点考虑电路的输出功率、电路的效率、信号的非线性失真及功率器件的散热问题。功率放大电路根据信号的工作周期,可分为甲类、乙类、甲乙类等多种工作模式,本实验拟设计一个低频功率放大电路。

二、设计任务和要求

① 输入信号源幅度 $U_{im} \leqslant 0.2$ V。
② 最大输出功率为 4 W。
③ 负载阻抗为 8 Ω。
④ 输入电阻 $R_i \geqslant 20$ kΩ。
⑤ 工作频率为音频信号,其频率为 20 Hz～20 kHz。

三、设计原理框图

功率放大电路系统原理框图如图 3－1 所示,主要包括前置放大电路、功率放大电路和直流稳压电源电路等组成。

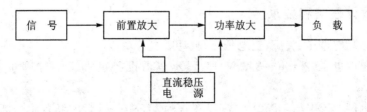

图 3－1 功率放大电路原理框图

通过前置放大电路对采集信号进行电压放大,以驱动功率放大电路;利用功率放大电路对具有一定电压幅值的输入信号进行功率放大以驱动负载工作。由于前置放大电路主要完成对小信号的放大功能,要求设计的电路具有输入电阻高、输出电阻低、放大倍数高等特点。功率放大电路决定了整机的输出功率,该电路应具备高效率、非线性失真小以及功率输出大等特点。

四、调试要求

① 画出系统电路图并仿真实现。

② 按照电路连接元器件,认真检查电路是否正确,注意元器件的引脚功能。

③ 根据要求对前置放大电路和功率放大电路进行单独调试,使其满足指标要求。

④ 系统调试。

五、总结报告

① 总结功率放大电路的整体设计、安装与调试过程。要求有电路图、原理说明、电路所需元件清单、电路参数计算、元件选择和测试结果分析。

② 分析安装、调试中发现的问题及故障排除的方法。

③ 总结实验心得和设计建议。

实验二　过、欠压报警与保护电路

一、简要说明

交流电网电压波动对于电冰箱、洗衣机、电风扇等家用电器,特别是对电源要求比较高的电器设备会造成一定的影响,严重时甚至可能造成电气设备的损坏。此外,交流电网电压不正常,还可能会造成自动控制系统失灵、电子仪器精度降低。本实验通过检测电网电压的波动,判断其偏离正常工作电压的大小,并根据家用电器用电规格,设计一个能够自动过欠压报警、保护装置,保护用电设备。当电网电压恢复正常后,亦能自动接通,使用电设备恢复工作,保证用电设备的正常安全运行。

二、设计任务和要求

① 电路具有过压、欠压、上电延迟、自动断电等功能。

② 当电网电压在 180～250 V 时,显示电器设备正常工作,正常电压的范围可调。

③ 当电网交流电压≥250 V 或≤180 V 时,经 3～5 s 后本装置将切断用电设备的交流供电,同时发光警示,并可根据发光颜色的不同区分电压的高低:当电压超过 250 V 时,发出闪烁的红光报警;当电压低于 180 V 时,发出闪烁的黄光报警。

④ 电网电压恢复正常后,经过一定延时恢复正常供电。

三、设计原理框图

根据设计任务要求,过、欠电压报警与保护电路的原理框图如图 3 - 2 所示,系统主要由整流滤波电路、稳压电路、比较器、多谐振荡器、延时电路和继电装置等组成。

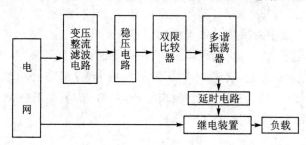

图 3 - 2　原理框图

当电网供电电压在正常范围内时,经降压变压器及整流滤波、双门限电压比较后,输出一信号使多谐振荡器停振,报警电路不工作,绿灯亮。当电网供电电压发生异常,等于或超过某一电压值,多谐振荡器振荡,发出闪烁的红光报警。当电网供电电压发生异常,等于或低于某一电压值时,多谐振荡器振荡,发出闪烁的黄光报警。同时经延迟电路,继电器的一组控制用电设备交流供电的常闭触点断开,迅速切断用电设备的交流供电,并用发光二极管提示用电设备已经断电。当电网供电电压恢复正常后,继电器掉电,常闭触点恢复闭合,用电设备得以恢复工作。

四、调试要求

① 画出系统电路图并仿真实现。

② 按照电路连接元器件,认真检查电路是否正确,注意元器件的引脚功能。

③ 单元电路检测,检查各单元电路的功能。

④ 系统调试,观察系统功能能否实现。

五、总结报告

① 总结电路整体设计、安装与调试过程。要求有电路图、原理说明、电路所需元件清单、电路参数计算、元件选择和测试结果分析。

② 分析安装、调试中发现的问题及故障排除的方法。

③ 总结实验心得和设计建议。

实验三　多功能信号发生器

一、简要说明

多功能信号发生器是指能自动产生正弦波、三角波、方波以及锯齿波等各种电压波形的电路。在实践中常采用各种类型的信号产生电路,就其波形来说,可能是正弦波或非正弦波。在通信、广播、电视系统中,都需要射频(高频)发射,这就需要能产生高频信号的振荡器;在工业、农业、生物医学等领域内,也都需要功率或大或小、频率或高或低的振荡器。同样,非正弦信号(方波、锯齿波等)发生器在测量设备、数字系统及自动控制系统中的应用也日益广泛。

二、设计任务和要求

① 系统能输出方波、三角波和正弦波等三种信号。
② 输出信号具有频率可调功能。
③ 输出信号的幅度连续可调。
④ 输出波形失真小,方波上升沿和下降沿时间小于 $2~\mu s$,三角波非线性失真小于 1%,正弦波谐波失真小于 3%。

三、设计原理框图

本设计方案有多种,可以先产生正弦波,利用比较器变换成方波,再通过积分电路产生三角波,也可以先产生方波、三角波,然后再将三角波变换成正弦波。如图 3-3 所示,系统由比较器、积分器和正弦波变换电路组成,分别产生方波信号、三角波信号和正弦波信号。

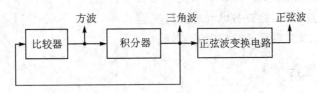

图 3-3　原理框图

利用比较器将输入信号进行过零比较,使方波信号的输出频率和三角波信号的输出频率相等,同时可以选择比较基准信号来调整方波信号的占空比。利用积分电路将输入的方波信号转换成三角波信号,在积分电路中,设置调节电阻和电容,通过调节电阻和选择电容来调节信号的输出频率。利用差分电路将三角波变换成正弦波。

四、调试要求

① 画出系统电路图并仿真实现。
② 按照电路连接元器件,认真检查电路是否正确,注意元器件的引脚功能。
③ 分别对比较器、积分器和差分电路进行调试。
④ 系统联调,观察三种波形输出。

五、总结报告

① 总结电路整体设计、安装与调试过程。要求有电路图、原理说明、电路所需元器件清单、电路参数计算、元件选择和测试结果分析。
② 分析安装、调试中发现的问题及故障排除的方法。
③ 总结实验心得和设计建议。

实验四　　变频门铃

一、简要说明

门铃是日常生活与工作中经常用到的家用小电器,根据不同的需求,门铃的功能和外观设计成多种多样。如果门铃的响声一成不变,会让人感觉枯燥乏味。因此,设计一个声音悦耳的门铃电路,具有一定的实用价值。要求设计一门铃声音随响铃时间变化而变化的变频门铃,可以让人们带着愉悦的心情去开门。

二、设计任务和要求

① 门铃能够发出两种频率的声音 f_1 和 f_2。
② 可以调节门铃的响铃时间和不同频率响铃之间的时间间隔。
③ 门铃的功率要求 $P \geqslant 0.5$ W 和 8 Ω 的扬声器。

三、设计原理框图

变频门铃电路原理框图如图 3-4 所示,系统主要由隔离延时控制电路、正弦发生电路、功率输出电路和扬声器组成。

图 3-4　数控直流稳压电源原理框图

隔离与延时电路是本设计的核心,其主要作用是控制门铃的响铃时间、不同频率响声间隔时间和切换时间,由它控制正弦信号发生电路产生合适频率的信号,并将该信号输入到功率放大电路,并由此驱动扬声器发声。

四、调试要求

① 画出系统电路图并仿真实现。

② 按照电路连接元器件,认真检查电路是否正确,注意元器件的引脚功能。

③ 对隔离与延时控制电路进行调试,针对不同的延时时间观察其输出信号的变化,再通过示波器观察正弦信号发生电路的功能。

④ 系统联调,检查扬声器发声频率的变化情况。

五、总结报告

① 总结电路整体设计、安装与调试过程。要求有电路图、原理说明、电路所需元件清单、电路参数计算、元件选择和测试结果分析。

② 分析安装、调试中发现的问题及故障排除的方法。

③ 总结实验心得和设计建议。

实验五　声光报警器

一、简要说明

报警器在人们的日常生活及公共安全领域应用广泛,比如有害气体报警器、防盗报警器以及消防报警器等。声光报警器是报警器中的一种,它可以同时将声音信号和光信号作为报警信号,以提高报警器的使用范围和使用效果。本实验拟设计一简单的声光报警器,通过对光信号和声音信号输出的合理控制,达到提高警示的目的。

二、设计任务和要求

① 指示灯闪烁频率为 2 Hz。

② 声音信号与指示灯闪光频率同步的断续音响和音响频率为 1 kHz。

③ 扬声器发出的音响功率不小于 0.5 W。

三、设计原理

系统原理框图如图 3-5 所示,系统主要由振荡电路、控制电路、音频振荡电路、功率放大电路组成。

首先由振荡电路产生 2 Hz 的振荡信号来控制指示灯报警,当发生需要报警事件时,振荡电路工作,指示报警灯闪烁。同时将振荡信号作为控制电路的输入信号,控制音频信号的振荡时间间隔,使指示灯和发声驱动信号能够同步。利用功率放大电路对音频信号进行功率放大以驱动扬声器发声。

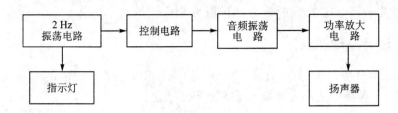

图 3 - 5　原理框图

四、调试要求

① 画出系统电路图并仿真实现。

② 按照电路连接元器件，认真检查电路是否正确，注意元器件引管脚功能。

③ 检查各部分电路是否能够正常工作。

④ 系统联调。

五、总结报告

① 画出系统电路图并仿真实现。

② 总结电路整体设计、安装与调试过程。要求有电路图、原理说明、电路所需元件清单、电路参数计算、元件选择和测试结果分析。

③ 分析安装、调试中发现的问题及故障排除的方法。

④ 总结实验心得和设计建议。

实验六　数字可调稳压电源

一、简要说明

随着小家电和电子设备的大量使用，直流稳压电源在日常生活中越来越广泛。由于各种电子设备对于直流电源的要求不同，而单一输出值的稳压电源的使用灵活性不够，因此，设计一数字可调的直流稳压电源对于提高稳压电源的使用范围很有必要。本课题拟设计一数字可调稳压电源，通过键盘控制输出的需要的电压值，并能够数字显示，以增加稳压电源的使用范围。

二、设计任务和要求

① 输出直流电压调节范围 $0 \sim 15$ V，纹波小于 10 mV。

② 输出电流为 500 mA。

③ 稳压系数小于 0.2。

④ 直流电源内阻小于 0.5 Ω。

⑤ 输出直流电压能步进调节,步进值为 1 V。

三、设计原理框图

根据设计任务要求,数控直流稳压电源原理框图如图 3－6 所示,主要由数字调节电路、D/A 转换电路和可调稳压电源三部分组成。

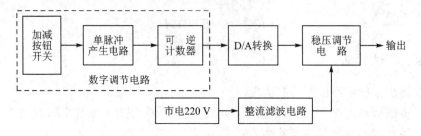

图 3－6　数控直流稳压电源原理框图

数字调节电路主要有加减开关电路、单脉冲产生电路和可逆计数器组成。可逆计数器记录加减按钮开关要求的电压数值,通过 D/A 转换器转换成相应的电压值,经放大到合适的电压值后,去控制稳压电源的输出,确保稳压电源的输出以 1V 的步进值进行加减。

四、调试要求

① 画出系统电路图并仿真实现。
② 按照电路连接元器件,认真检查电路是否正确,注意元器件的引脚功能。
③ 对可逆计数器、稳压调节电路等进行单独调试,观察其功能。
④ 系统联调,调整按钮观察输出电压变化情况。

五、总结报告

① 总结电路整体设计、安装与调试过程。要求有电路图、原理说明、电路所需元件清单、电路参数计算、元件选择和测试结果分析。
② 分析安装、调试中发现的问题及故障排除的方法。
③ 总结实验心得和设计体会。

实验七　简易恒温控制器

一、简要说明

在生物培育室、蔬菜大棚等场合,植物生长对外界环境的要求较高,要求有合适的日照、适宜的温度和湿度。本课题拟设计一简易恒温控制器,用来控制室内植物生长所需的温度:如果室温太高,控制器启动降温设备来降低室内温度;如果室温太低,则及时采取升温措施。恒温控制器能够根据室内温度的变化及时调整制冷、加热设备工作,使室内温度保持在一定的范围之内,实现室内温度的自动调节。

二、设计任务和要求

① 温度控制范围在 25 ± 3 ℃范围内。

② 当温度超出或者低于该范围时,报警器发出声响,并可根据声响的不同声调区分温度的高低,即:

当温度高于 28 ℃时,报警器发出两种频率交替声响,并点亮红色指示灯,以示报警。

当温度低于 22 ℃时,报警器发出间隙式声响,并点亮黄色指示灯,以示报警。

当温度在正常范围时,绿灯亮。

三、设计原理框图

温度报警器的原理框图如图 3-7 所示。根据设计要求,系统由温度采集电路、温度检测电路、温度调节电路和报警电路组成。

利用温度传感器将温度信号转换成电信号送入到温度检测电路,与预先设定好的温度值进行比较,由此来判断室温是否在设定范围内。如果温度过低,则启动温度调节电路,使温度升高,并启动低温报警电路。如果温度过高,则启动相应的降温设备,同时启动超温报警电路,由此实现对温度的报警和自动调节。

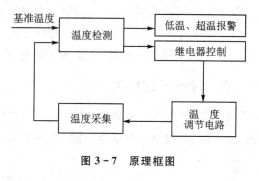

图 3-7　原理框图

四、调试要求

① 画出系统电路图并仿真实现。

② 按照电路连接元器件,认真检查电路是否正确,注意元器件的引脚功能。

③ 调试温度检测电路,通过检测温度与基准温度的比较,观察检测电路输出信号的变化。

④ 系统联调。

五、总结报告

① 总结电路整体设计、安装与调试过程。要求有电路图、原理说明、电路所需元件清单、电路参数计算、元件选择和测试结果分析。

② 分析安装、调试中发现的问题及故障排除的方法。

③ 总结实验心得和设计建议。

实验八　流水线产品统计电路

一、简要说明

许多生产现场均采用生产流水线设备来生产各种产品,并随时对产品产量进行统计。为了对一些高速流水线上的产品进行动态管理和统计,需要安装必要的自动化装置,一方面实时显示产品的数量,另一方面向计算机管理系统提供动态数据,为生产过程控制提供重要依据。本课题拟设计一流水线产品统计电路,对流水线上的产品进行有效地统计、显示和管理。

二、设计任务和要求

① 数量统计功能:能对流水线上产品的数量进行统计,并能动态显示。

② 显示清零功能:当需要重新统计时,可以随时对显示屏进行清零操作。

③ 抗干扰能力强:由于电路处于复杂的流水线现场,因此,显示值的变化只与产品的数量和清零有关,和其他背景光都无关。

④ 产品数量提示功能:产品统计值达到100或者10的整数倍时,能够提示。

三、设计原理框图

流水线产品统计电路系统原理框图如图3-8所示,本系统主要由光电耦合电路、滤波电路、信号处理电路、计数电路和显示译码电路组成。

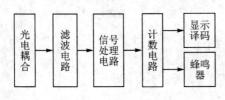

图3-8　原理框图

光电耦合电路由光源和光敏元件组成,分别安装于产品传送带两侧。没有产品通过时,光敏电阻获得的光照度最大;有产品通过时,光敏电阻获得的光照度最小。因此,可根据光照度的强弱来区分是否有产品通过。光电耦合电路能够将光敏电阻获得的光信号转换为电信号,同时通过滤波器和放大电路对输入信号进行处理,将光电的强弱信号转换为数字脉冲信号,由计数电路对数字脉冲信号进行计数。利用译码和显示电路对产品数量进行数字显示,当产品数量达到某一整数时,驱动蜂鸣器发声。本电路还可以通过功能扩展,将统计数据上传至计算机,使主管部门及时了解产量信息,便于管理。

四、调试要求

① 画出系统电路图并仿真实现。
② 按照电路连接元器件,认真检查电路是否正确,注意元器件的引脚功能。
③ 调试光电耦合电路,观察光线的强弱程度对于电路的影响。
④ 观察信号处理电路的输出脉冲是否和光电耦合输出信号相关。
⑤ 系统联调。

五、总结报告

① 总结电路整体设计、安装与调试过程。要求有电路图、原理说明、电路所需元件清单、电路参数计算、元件选择和测试结果分析。
② 分析安装、调试中发现的问题及故障排除的方法。
③ 总结实验心得和设计收获。

实验九　数字钟

一、简要说明

数字钟是一种用数字电路技术实现时、分、秒计时的装置,与机械式时钟相比具有更高的准确性和直观性,无机械装置,具有更长的使用寿命,因而得到广泛的使用。数字钟不仅能替代传统指针式钟表,还可以运用到定时控制、自动计时及时间程序控制等方面。数字钟从原理上讲是一典型的数字电路,包括了组合逻辑电路和时序逻辑电路。本设计拟在了解数字钟原理的基础上,利用小规模集成电路构造组合逻辑电路和时序逻辑电路,进而掌握组合逻辑电路和时序逻辑电路的设计原理和方法。

二、设计任务和要求

① 时间显示功能,数字电子钟以一天 24 h 为一个计时周期进行计时显示。
② 具有快速校时功能,分别能够对秒、分、时进行校准。
③ 整点报时,当时间接近整点时,时钟能够及时报时。
④ 时高位灭零功能。

三、设计原理框图

数字钟电路主要原理框图如图 3 - 9 所示,本系统主要包括振荡电路、分频电路、计时电路、译码电路、校时电路等部分组成。

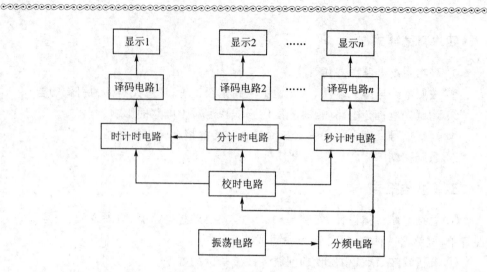

图 3 - 9　原理框图

振荡电路是数字钟的核心,直接关系到时间准确与否。由振荡电路产生一定频率的振荡信号,经过分频得到各种频率的脉冲信号,其中秒脉冲信号作为秒计时电路的输入信号,将秒计时电路的进位信号作为分计时电路的输入信号,将分计时电路的进位信号作为时计时电路的输入信号,由此实现秒、分、时的进位计时功能。将"时:分:秒"计时结果分别通过译码和显示电路实现时间的数字显示。校准电路主要实现快速的时间校准,利用校准电路分别对秒、分、时计时电路进行独立的时间校准,同时还可以增加如报时、灭零等扩展功能。

四、调试要求

① 画出系统电路图并仿真实现。
② 按照电路连接元器件,认真检查电路是否正确,注意元器件的引脚功能。
③ 调试振荡器电路,用示波器观察振荡信号的频率输出。
④ 将振荡输出接入各分频器,观察其输出频率是否符合设计要求。
⑤ 调试各校准电路功能。
⑥ 系统联调。

五、总结报告

① 总结电路整体设计、安装与调试过程。要求有电路图、原理说明、电路所需元件清单、电路参数计算、元件选择和测试结果进行分析。
② 分析安装、调试中发现的问题及故障排除的方法。
③ 总结实验心得和设计建议。

实验十 智力竞赛抢答器

一、简要说明

智力竞赛抢答器具有抢答、计时、显示等功能,在各种知识竞赛中得到广泛的应用。本课题利用数字电路和模拟电路设计——智能竞赛抢答器,能够实现抢答、抢答计时、答题倒计时、抢答显示等基本功能。

二、设计任务和要求

① 设计 4 路抢答器,具有系统清零和抢答控制功能。

② 能够显示和锁存抢答者序号,期间禁止其他选手抢答。

③ 定时抢答功能:主持人预置抢答时间,控制比赛开始和结束。当抢答开始后,如果在规定的时间(一般设为 60 s)内无人抢答,扬声器发出声响,定时器显示为零;如果在规定时间内有人抢答成功,扬声器发出声响,显示抢答者序号以及剩余答题时间。

④ 报警电路:主持人按下"开始"键时报警并进入抢答状态,当抢答者发出抢答信号时报警提示,在规定抢答终止时间截止时报警。

三、设计原理框图

抢答器原理框图如图 3 - 10 所示。电路由振荡电路、定时电路、控制电路、编码电路、锁存电路、译码显示电路和报警电路组成。

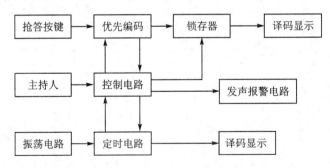

图 3 - 10 抢答器原理框图

接通电源后,主持人将系统清零,抢答器处于禁止状态,显示器灭灯,定时器显示设定时间。当主持人通过控制开关发出抢答信号时,定时器倒计时,扬声器发出声响提示抢答开始。当有选手抢答时,抢答选手序号被锁存并显示,同时阻止其他选手抢答。如果在规定时间内无人抢答,报警电路将提示本次抢答无效。

四、调试要求

① 画出系统电路图并仿真实现。

② 按照电路连接元器件,认真检查电路是否正确,注意元器件的引脚功能。

③ 单元电路检测,观察控制电路对于编码电路、定时(减法电路)电路、锁存电路的控制作用。

④ 系统联调,观察选手抢答、定时显示和抢答显示等结果是否满足要求。

五、总结报告

① 总结电路整体设计、安装与调试过程。要求有电路图、原理说明、电路所需元件清单、电路参数计算、元件选择和测试结果分析。

② 分析安装、调试中发现的问题及故障排除的方法。

③ 总结实验心得和设计建议。

附　录

附录A　实验基础知识

A1　模拟电路的一般调试方法

一、调试的一般原则

电子电路的一个重要的特点是交、直流并存。直流是电路正常工作的基础，因此，不论是分调还是联调，都应遵守先静态、后动态的调试原则。

对于具体电路出现的各种异常现象，需要应用电路理论、电子技术基础知识进行分析、判断，确定修正方案。因此，调试的根本途径是在理论指导下进行，不要盲目进行。下面以附图 A-1 所示的共射－共集放大器为例来说明调试方法。

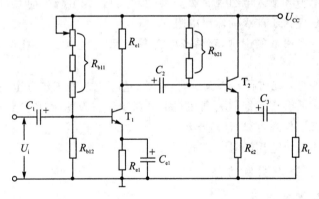

附图 A-1　共射—共集放大器

1. 静态调试

所谓静态，指的是输入信号 $U_i=0$ 时的电路直流工作状态。为了防止外界干扰信号的侵入，应对输入端交流对地短路。

静态工作点应设置在交流负载线的中点，这样可以最大限度地发挥管子的放大能力和获得最大不失真输出。但在多级放大器中，由于前级的输入信号小，后级的输入信号大，因此，从减小功耗和降低管子内部噪声出发，前级的静态工作点在保证不失真的前提下可以适当降低，后级的静态工作点一般都设置在交流负载线中点，以保证动态范围最大。

在阻容耦合的放大器中，各级的静态工作点是独立的，前后级工作点互不影响，各级的静态工作点由各级的直流通路元件的参数决定。在晶体管、电源电压及负载一定的条件下,静态工作点由偏流电阻 R_b 决定。在试验中,一般通过调整偏流电阻 R_{b11}、R_{b21} 来改变各级的静态工作点。

若将静态工作点设置在交流负载线的中点处,则静态工作点可按下式估算:

$$U_{CE} = I_C R'_L - U_{CES}$$

$$U_{CE} = U_{CC} - I_C(R_C + R_E)$$

式中:U_{CES} 为晶体管的饱和压降,一般取 1 V;R'_L 为交流等效负载电阻。

由上述公式求解的 U_{CE} 和 I_C 的值,即为静态工作点估算值。在电路中,只要调整偏置电阻 R_{b11} 和 R_{b21},使电路中的 U_{CE} 和 I_C 达到上述数值即可。

2. 动态调试

动态调试是在静态调试的基础上进行的。在电路的输入端接入合适的信号电压,采用信号跟踪法,由示波器监视,沿着信号的传输方向,逐级检查有关的波形、参数及性能指标。必要时,先进行单级动态调试,然后再级联观察电路工作是否正常,这样可以缩小故障范围。

在动态调试时要注意两点:

一是放大器前后级的相互影响。前级是后级的信号源,后级是前级的负载,两级之间通过输出电阻和输入电阻互相影响,互相牵制。为了减少前、后级的互相影响,后级的输入电阻应大于前级的输出电阻。

二是由于分布参数的影响,容易产生自激。为此,必须采取补偿措施,破坏振荡条件,消除振荡。

需要指出的是:在进行动态调试时,灵活、适当地改变工作点也是必要的。静态工作点过高或过低会产生饱和失真和截止失真现象。因此,在负载不变的条件下,通过适当改变静态工作点,可以使输出波形不失真。

上述调试原则也适用于对集成电路的调试。

二、常见故障及排除方法

1. 寻找故障的方法

(1) 直接观察法

直接观察待调电路表面现象来发现问题,分析和寻找故障。如:

① 观察电路供电情况:电源电压的极性和数值是否符合要求,是否确实插入电路。

② 观察仪器的使用情况:仪器的功能、量程的选用有无错误,共地连接是否妥当。

③ 观察元件插接组装情况:元件是否插牢,引脚是否漏接、错接。

④ 接通电源后,观察电路元件有无发烫、冒烟等现象。

(2) 静态测试法

用直流电压表检查电路的静态工作点是否正常,并应用理论知识分析、寻找故障的部位。

（3）信号跟踪法

在被调电路的输入端输入适当幅度和频率的信号，按信号的流向，由前级到后级用示波器逐级观察电压的波形及幅值变化情况，以确定故障点。这种方法对各种电路普遍适用，在动态调试中广泛应用。

（4）替代法

用好的元件或已调好的单元电路去替代有故障或有故障嫌疑的元件或单元电路，以寻找故障部位或故障元件。

（5）补偿法

当有寄生振荡时，可用适当容量的电容器，在电路各个合适部位通过电容对地短路，观察寄生振荡是否消失。

2.　常见故障和排除方法

（1）测试设备引起的故障

有的是测试设备本身有故障，或测试线路开路或短路，使之无法测试或使被测电路造成短路；有的是操作者对仪器使用不正确而引起的故障。排除此类故障的方法是：操作者必须熟悉仪器的性能，调试前正确地检查、校验测量仪器，熟悉仪器的使用方法。

（2）电路元器件引起的故障

如电阻、电容、晶体管和集成电路损坏或性能不良。这种故障造成的现象是电路有输入而无输出或者输出不正常。

排除和避免这类故障的方法是：插接组装电路时，将全部元器件检测一次，即普遍筛选。调试时，参考前面"寻找故障的方法"找出被损坏或性能不良的元器件，并进行代换。

（3）人为引起的故障

如：操作者在插接组装试验电路时，错接或漏接了元器件，错接或漏接了连线，从而使电路不能完全正常工作。

为找出和避免这类故障，要求操作者必须认真预习，在实验时思想集中态度严谨。调试时，参考前面"寻找故障的方法"，找出故障点并予以排除。

（4）电路连线接触不良引起的故障

如插接点不牢靠、电位器滑动端接触不良、接地不良、连接线开路（或似断非断）等。由此原因引起的故障一般是间断式的，即电路工作时好时坏，或突然停止工作。

排除这类故障的方法：一是直接观察、查线，将怀疑点用手按、拔一下。这种方法有时很快见效。二是使用"静态测试法"或"信号跟踪法"，寻找故障点，予以排除。

（5）各种干扰引起的故障

所谓干扰，是指外界因素对电路有用信号产生的扰动。干扰源种类很多，常见的有以下几种：

1) 接地处理不当引起的干扰。接地方法不妥、接地点选择不当或接地点阻抗太大,电路各部分的电流通过地线阻抗都会产生一个干扰信号,影响电路的正常工作。

实际的放大电路,其接地线总有一定的阻抗,如附图 A-2 中的 Z_1、Z_2、Z_3。这些阻抗通常很小,一般可以忽略不计。但当电路的放大倍数很大、频率较高时,若接地点不合理,则通过这些阻抗形成的寄生反馈也是不容忽视的。在附图 A-2 中,T_2 的电流信号 I_{C2} 就会在 Z_3 上产生电压 $V_{Z_3} = I_{C2} Z_3$,此电压又会在 T_1 的输入端形成一并联正反馈电流 I_{f1},令放大器工作不稳定,甚至自激振荡。

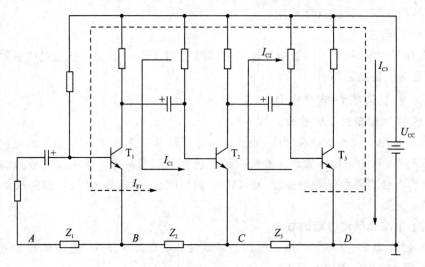

附图 A-2　三级放大电路

2) 要减少通过地线引起的寄生反馈,主要应注意两点:

① 尽量减少接地线的阻抗　为此,应缩短接地线 ABCD 的长度,即要缩短各级之间的距离,在可能的情况下,接地最好在同一点上;同时,接触要牢靠、接触电阻要小、严防虚接。

② 必须正确选择接地点　例如附图 A-2 所示电路,若接的点不是选在靠近末级的 D 点,而是接在靠近输入信号的 A 点,那很不合理。这是因为,在多级放大器中,越到末级,其信号电流越强,当地线阻抗相同时,末级电流产生的寄生反馈最强。如接地点选在 A 点,末级电流 I_{C3} 要经过较长的地线 ABCD 才能从 A 点回到电源 U_{CC} 的负端,这必然会在 Z_1、Z_2、Z_3 上产生较强的反馈电压。当接地点选在 D 点时,I_{C3} 无须流过 Z_1、Z_2、Z_3,也就不会在前级的输入回路中引起较强的寄生反馈。

③ 测量仪器和电路的各个部分未采取"共地"的接法引入的干扰。

④ 直流电源滤波不佳引起的干扰　这种干扰是有规律的,要减小这种干扰,一是选用纹波小的稳压电源,二是加接滤波网络。

⑤ 感应干扰　感应干扰是干扰源通过分布参数电容耦合到电路,形成的电场耦合干扰;干扰源通过电感耦合到电路形成的磁场干扰。上述感应干扰将导致电子电

路产生寄生振荡。排除和避免这类干扰的方法有：采取屏蔽措施，屏蔽壳要接地；线路布局要合理，要从防止干扰源的耦合角度出发，全面考虑电路元器件的布局；应加补偿网络，抑制由干扰源引起的寄生振荡。具体做法是：在电路的适当位置介入电阻与电容相串联的网络或单一电容网络，其实际参数值通过实验调试确定。

A2 放大器干扰、噪声抑制和自激振荡的消除

放大器的调试一般包括调整和测量静态工作点，调整和测量放大器的性能指标：放大倍数、输入电阻、输出电阻和通频带等。由于放大电路是一种弱电系统，具有很高的灵敏度，因此很容易接受外界和内部一些无规则信号的影响。也就是在放大器的输入端短路时，输出端仍有杂乱无规则的电压输出，这就是放大器的噪声和干扰电压。另外，由于安装、布线不合理，负反馈太深以及各级放大器共用一个直流电源造成级间耦合等，也能使放大器没有输入信号时，有一定幅度和频率的电压输出，例如收音机的尖叫声或"突突……"的汽船声，这就是放大器发生了自激振荡。噪声、干扰和自激振荡的存在都妨碍了对有用信号的观察和测量，严重时放大器将不能正常工作。所以必须抑制干扰、噪声和消除自激振荡，才能进行正常的调试和测量。

一、干扰和噪声的抑制

把放大器输入端短路，在放大器输出端仍可测量到一定的噪声和干扰电压。其频率如果是 50 Hz(或 100 Hz)，一般称为 50 Hz 交流声，有时是非周期性的，没有一定规律，可以用示波器观察到如附图 A-3 所示波形。50 Hz 交流声大都来自电源变压器或交流电源线，100 Hz 交流声往往是由于整流滤波不良所造成的。另外，由电路周围的电磁波干扰信号引起的干扰电压也是常见的。由于放大器的放大倍数很高（特别是多级放大器），只要在其前级引进一点微弱的干扰，经过几级放大，在输出端就可以产生一个很大的干扰电压。此外，电路中的地线接得不合理，也会引起干扰。

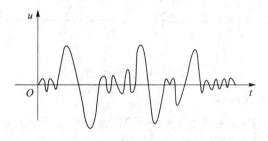

附图 A-3

抑制干扰和噪声的措施一般有以下几种。

1. 选用低噪声的元器件

如噪声小的集成运放和金属膜电阻等可以抑制干扰和噪声。或加低噪声的前置差动放大电路可以抑制干扰和噪声。由于集成运放内部电路复杂，因此噪声较大。

即使是"极低噪声"的集成运放，也不如某些噪声小的场效应对管，或双极型超 β 对管，所以在要求噪声系数极低的场合，以挑选噪声小的对管组成前置差动放大电路为宜。也可加有源滤波器。

2. 合理布线

放大器输入回路的导线和输出回路、交流电源的导线要分开，不要平行铺设或捆扎在一起，以免相互感应。

3. 屏　蔽

小信号的输入线可以采用具有金属丝外套的屏蔽线，外套接地。整个输入级用单独金属盒罩起来，外罩接地。电源变压器的初、次级之间加屏蔽层。电源变压器要远离放大器前级，必要时可以把变压器用金属盒罩起来，以利隔离。

4. 滤　波

为防止电源串入干扰信号，可在交（直）流电源线的进线处加滤波电路。

附图 A-4(a)、(b)、(c)所示的无源滤波器可以滤除天电干扰（雷电等引起）和工业干扰（电机、电磁铁等设备启动、制动时引起）等干扰信号，而不影响 50 Hz 电源的引入。图中电感、电容元件，一般 L 为几～几十 mH，C 为几千 μF。图(d)中阻容串联电路对电源电压的突变有吸收作用，以免其进入放大器。R 和 C 的数值可选 100 Ω 和 2 μF 左右。

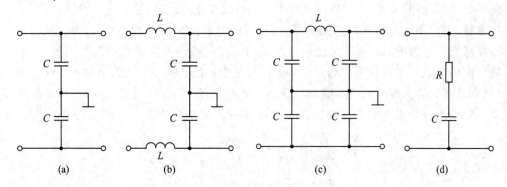

附图 A-4　无源滤波器

5. 选择合理的接地点

在各级放大电路中，如果接地点安排不当，也会造成严重的干扰。例如，在附图 A-5 中，同一台电子设备的放大器，由前置放大级和功率放大级组成。当接地点如附图 A-5 中实线所示时，功率级的输出电流是比较大的，此电流通过导线产生的压降，与电源电压一起，作用于前置级，引起扰动，甚至产生振荡。还因负载电流流回电源时，造成机壳（地）与电源负端之间电压波动，而前置放大级的输入端接到这个不稳定的"地"上，会引起更为严重的干扰。如将接地点改成附图 A-5 中虚线所示，则可克服上述弊端。

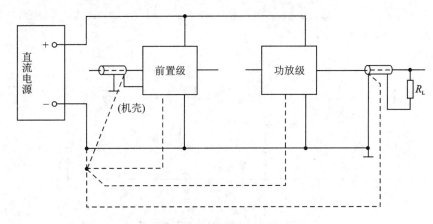

附图 A-5　合理选择接地点

二、自激振荡的消除

检查放大器是否发生自激振荡,可以把输入端短路,用示波器(或毫伏表)接在放大器的输出端进行观察,如附图 A-6 所示波形。自激振荡和噪声的区别是,自激振荡的频率一般为比较高的或极低的数值,而且频率随着放大器元件参数不同而改变(甚至拨动一下放大器内部导线的位置,频率也会改变),振荡波形一般是比较规则的,幅度也较大,往往使三极管处于饱和或截止状态。

高频振荡主要是由于安装、布线不合理引起的。例如输入和输出线靠得太近,产生正反馈作用。对此应从安装工艺方面解决,如元件布置紧凑,接线要短等。也可以用一个小电容(例如 1 000 pF 左右)一端接地,另一端逐级接触管子的输入端,或电路中合适部位,找到抑制振荡的最灵敏的一点(即电容接此点时,自激振荡消失),在

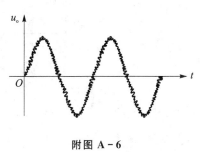

附图 A-6

此处外接一个合适的电阻电容或单一电容(一般 100 pF～0.1 μF,由实验决定),进行高频滤波或负反馈,以压低放大电路对高频信号的放大倍数或移动高频电压的相位,从而抑制高频振荡,如附图 A-7 所示。

低频振荡是由于各级放大电路共用一个直流电源所引起。如附图 A-8 所示,因为电源总有一定的内阻 R_o,特别是电池用得时间过长或稳压电源质量不高,使得内阻 R_o 比较大时,则会引起 U'_{cc} 处电位的波动,U'_{cc} 的波动作用到前级,使前级输出电压相应变化,经放大后,使波动更厉害,如此循环,就会造成振荡现象。最常用的消除办法是在放大电路各级之间加上"去耦电路",如附图 A-8 中的 R 和 C,从电源方面使前后级减小相互影响。去耦电路 R 的值一般为几百欧,电容 C 选几十 μF 或更大一些。

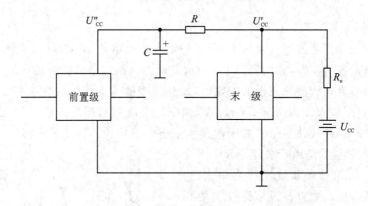

附图 A - 7　抑制高频振荡的电路

附图 A - 8

A3　电阻器

1. 额定功率

电阻共分 19 个等级,其中常用的有 1/20 W、1/8 W、1/4 W、1/2 W、1 W、2 W、4 W、5 W。

2. 允许误差等级

附表 A - 1 所列为电阻器的误差等级。

附表 A - 1　电阻误差等级

允许误差	±0.5%	±1%	±5%	±10%	±20%
等　　级	005	01	I	II	III

3. 标称阻值系列

附表 A - 2 所列为标称阻值系列的误差。

附表 A-2　标称阻值系列

允许误差	系列代号											
±20%	E6	1.0		1.5		2.2		3.3		4.7		6.8
±10%	E12	1.0 1.2	1.5 1.8	2.2 2.7	3.3 3.9	4.7 5.6	6.8 8.2					
±5%	E24	1.0 1.1 1.2 1.3	1.5 1.6 1.8 2.0	2.2 2.4 2.7 3.0	3.3 3.6 3.9 4.3	4.7 5.1 5.6 6.2	6.8 7.5 8.2 9.1					

任何固定式电阻器的标称值应当符合表列数值乘以 10^n，其中 n 为整数。电阻器的阻值和误差，一般都用数字标印在电阻器上。例如，电阻器上标有下列字母和数字，即

$$RJ×1-0.125-5.1KⅢ$$

这是金属膜小型电阻器，额定功率为 1/8 W，标称值为 $5.1 \text{ k}\Omega$，允许误差为 20%。

附图 A-9　电阻器外形图

实验中常使用体积很小的实芯电阻器，其阻值和误差以色环来表示，如附图 A-9 所示。

靠近电阻器的一端有 4 道色环，第 1、2 两道色环分别表示第 1 位、第 2 位有效数字，第 3 道色环表示"0"的个数，第 4 道色环表示误差等级，见附表 A-3 所列。

附表 A-3　色环所代表的数字

色　环	黑	棕	红	橙	黄	绿	蓝	紫	灰	白	金	银	本色
对应数字	0	1	2	3	4	5	6	7	8	9			
误　差											±5%	±10%	±20%

4. 电阻器的检测方法

电阻器的检测方法参见附录 C。

A4　电容器

1. 电容器的耐压

常用固定式电容器的直流工作电压系列为 6.3 V，16 V，25 V，40 V，63 V，100 V，160 V，250 V，400 V。

2. 允许误差等级

电容误差等级见附表 A-4。

附表 A-4　电容误差等级

允许误差	±2%	±5%	±10%	±20%	-30%~+20%	-20%~-+5%
级别	02	Ⅰ	Ⅱ	Ⅲ	Ⅳ	Ⅴ

3. 固定电容器的标称容量系列

固定电容器的标称容量系列见附表 A-5。

附表 A-5　标称容量系列

名　称	允许误差	容量范围	标称容量系列
纸介电容器 金属化纸介电容器	$-5\%\sim+5\%$	$1\times10^{-4}\sim1\ \mu F$	1.0,1.5,2.2,3.3,4.7,6.8
纸膜复合介质电容器 纸频(有极性)有机薄膜 介质电容器	$-10\%\sim+10\%$ $-20\%\sim+20\%$	$1\sim100\ \mu F$	1,2,4,6,8,10,15,20,30,50, 60,80,100
高频(无极性)有机薄膜 介质电容器	$-5\%\sim+5\%$		E24
瓷介质电容器	$-10\%\sim+10\%$		E12
玻璃釉电容器	$-20\%\sim+20\%$		E6
云母电容器	$-20\%\sim+20\%$		E6
铝、钽、铌电解电容器	$-10\%\sim+10\%$ $-20\%\sim+20\%$ $-20\%\sim+50\%$ $-10\%\sim+10\%$		1.0,1.5,2.2,3.3,4.7,6.8 (容量单位为 μF)

标称电容量为表中数值或表中数值乘以 10^n,其中 n 为正整数或负整数。

电容器容量常按下列规则标印在电容器上:

① 小于 10 pF 的电容,数值和单位要一起标明,例如 5.1 pF 等。

② 10~10 000 pF 之间的电容,一般只标明数值而省略单位。例如,330 表示 330 pF,6 800 表示 6 800 pF。

③ 10 000~1 000 000 pF 之间的电容,采用 μF 为单位(往往也省略),以小数标印或以 10 再乘以 10^n 标印。例如,0.033 表示 0.033 μF,104 表示 10×10^4 pF = 0.1 μF,3n9 表示 $3.9\times10^{-9} F$,即 3 900 pF。

④ 电解电容器总是以 μF 为单位。

4. 常用的电容器检测方法

常用的电容器检测方法见附录 C。

A5　半导体二极管、三极管和场效应晶体管

根据中华人民共和国国家标准,半导体器件的型号由 5 部分组成,各部分所代表的意义如附表 A-6 所列。

附表 A－6　半导体器件的型号及各部分所代表的意义

第 1 部分		第 2 部分		第 3 部分		第 4 部分	第 5 部分
用数字表示器件的电极数目		用汉语拼音字母表示器件的材料和极性		用汉语拼音字母表示器件的类别		用数字表示器件序号	用汉语拼音字母表示规格号
符　号	意　义	符　号	意　义	符　号	意　义		
2	二极管	A B C D	N 型锗材料 P 型锗材料 N 型硅材料 P 型硅材料	P W Z L S	普通管 稳压管 整流管 整流堆 隧道管		
3	三极管	A B C D E	PNP 型锗材料 NPN 型锗材料 PNP 型硅材料 NPN 型硅材料 化合物材料	K X G D A	开关管 低频小功率管 $f_\alpha < 3$ MHz, $P_{CM} < 1$ W 高频小功率管 $f_\alpha \geq 3$ MHz, $P_{CM} < 1$ W 低频大功率管 $f_\alpha < 3$ MHz, $P_{CM} \geq 1$ W 高频大功率管 $f_\alpha \geq 3$ MHz, $P_{CM} \geq 1$ W		

　　例如,型号为 3AG11C 的晶体管为 PNP 型高频小功率锗材料三极管;型号为 2DZ16C 的二极管为硅材料整流二极管。

　　一、半导体二极管

　　半导体二极管按其用途分为:普通二极管和特殊二极管。普通二极管包括整流二极管、检波二极管、稳压二极管、开关二极管、快速二极管等。特殊二极管包括变容二极管、发光二极管、隧道二极管、触发二极管等。

1. 普通二极管的主要参数

(1) 反向饱和电流 I_s

　　指在二极管两端加入反向电压时,流过二极管的电流。该电流与半导体材料和温度有关。在常温下,硅管为 nA(10^{-9} A)级,锗管为 μA(10^{-6} A)级。

(2) 额定整流电流 I_F

　　指二极管长期运行时,根据允许温升折算出来的平均电流值。目前大功率整流二极管的 I_F 值可达 1 000 A。

(3) 最大反向工作电压 U_{RM}

　　U_{RM} 指为避免击穿所能加的最大反向电压。目前最高的 U_{RM} 值可达几千伏。

(4) 最高工作频率 f_{max}

由于 PN 结的结电容存在,当工作频率超过某一值时,其单向导电性将变差。点接触式二极管的 f_{max} 值较高,在 100 MHz 以上;整流二极管的较低,一般不高于几 kHz。

(5) 反向恢复时间 t_{re}

t_{re} 指二极管由导通突然反向时,反向电流由很大衰减到接近 I_S 时所需要的时间。对于大功率开关二极管,工作在高频状态时,此项指标很重要。

2. 几种常用二极管的特点

(1) 整流二极管

整流二极管结构主要是平面接触型,其特点是允许通过的电流比较大,反向击穿电压比较高,但 PN 结电容比较大,一般用于处理频率不高的电路中。例如整流电路、箝位电路、保护电路等。整流二极管在使用中主要考虑的问题是最大整流电流和最高反向工作电压应大于实际工作中的值。

(2) 快速二极管

快速二极管的的工作原理与普通二极管是相同的,但由于普通二极管工作在开关状态下的反向恢复时间较长,约 4~5 μs,不能适应高频开关电路的要求。快速二极管主要应用于高频整流电路、高频开关电源、高频阻容吸收电路、逆变电路等,其反向恢复时间可达 10 ns。快速二极管主要包括肖特基二极管和快恢复二极管,其主要特点是正向导通压降小(约 0.45 V)、反向恢复时间短和开关损耗小。但目前肖特基二极管存在的问题是耐压比较低、反向漏电流比较大。肖特基二极管应用在高频低电压电路中,是比较理想的。快恢复二极管在制造上采用掺金、单纯的扩散等工艺,可获得较高的开关速度,同时也能得到较高的耐压。目前快恢复二极管主要应用在逆变电源中做整流元件,高频电路中的限幅、箝位等。

(3) 稳压二极管

稳压二极管是利用 PN 结反向击穿特性所表现出的稳压性能制成的器件。稳压管的主要参数有:

① 稳压值 U_Z 指当流过稳压管的电流为某一规定值时,稳压管两端的压降。目前各种型号的稳压管其稳压值在 2~200 V 范围内可供选择。

② 电压温度系数 $\dfrac{dU_Z}{dT}$ 稳压管的电压温度系数在 U_Z 低于 4 V 时为负值;当 U_Z 的值大于 7 V 时,其温度系数为正值;而 U_Z 的值在 6 V 左右时,其温度系数近似为零。目前的零温度系数的稳压管是由两只稳压管反向串联而成,利用两只稳压管处于正反向工作状态时具有正、负不同的温度系数,可得到很好的温度补偿。例如 2DW7 型稳压管是稳压值为 ±6~7 V 的双向稳压管。

③ 动态电阻 r_Z 表示稳压管稳压性能的优劣,一般工作电流越大,r_Z 越小。

④ 允许功耗 P_Z 由稳压管允许达到的温升决定。

⑤ 稳定电流 I_Z　测试稳压管参数时所加的电流。

稳压管最主要的用途是稳定电压。在要求精度不高、电流变化范围不大的情况下,可选用与需要的稳压值最为接近的稳压管直接同负载并联。其存在的缺点是噪声系数较高,稳定性较差。

(4) 发光二极管(LED)

发光二极管的伏安特性与普通二极管类似,所不同的是当发光二极管正向偏置,正向电流达到一定值时能发出某种颜色的光。根据在 PN 结中所掺加的材料不同,发光二极管可发出红、绿、橘黄色光或红外线。

在使用发光二极管时应注意两点:

① 如果用直流电源电压驱动发光二极管时,在电路中一定要串联限流电阻,以防止通过发光二极管的电流过大而烧坏管子。注意发光二极管的正向导通压降为 $1.2\sim2$ V(可见光 LED 为 $1.2\sim2$ V,红外线 LED 为 $1.2\sim1.6$ V)。

② 发光二极管的反向击穿电压比较低,一般仅有几伏。因此当用交流电压驱动 LED 时,可在 LED 两端反极性并联整流二极管,使其反向偏压不超过 0.7 V,以便保护发光二极管。

二、半导体三极管

半导体三极管也称双极型晶体管,其种类非常多。

按材料可分为硅管和锗管两类;按结构可分为 NPN 型和 PNP 型;按集电结功耗的大小可分为小功率管($P_{CM}<1$ W)和大功率管($P_{CM}>1$ W);按使用的频率范围可分为低频管($f<3$ MHz)和高频管($f>3$ MHz)。

1. 半导体三极管的主要参数

① 共射电流放大系数 β　β 值一般在 $20\sim200$,是表征三极管电流放大作用的最主要参数。

② 反向击穿电压值 $V_{(BR)CEO}$　指基极开路时加在 C、E 两端电压的最大允许值,一般为几十伏,高压大功率管可达千伏以上。

③ 最大集电极电流 I_{CM}　指由于三极管集电极电流 I_C 过大使 β 值下降到规定允许值时的电流(一般指 β 值下降到 $2/3$ 正常值时的 I_C 值)。实际管子在工作时超过 I_{CM} 并不一定损坏,但管子的性能将变差。

④ 最大管耗 P_{CM}　指根据三极管允许的最高结温而定的集电结最大允许耗散功率。在实际工作中三极管的 I_C 与 U_{CE} 的乘积要小于 P_{CM} 值,反之则可能烧毁管子。

⑤ 穿透电流 I_{CEO}　指在三极管基极电流 $I_B=0$ 时,流过集电极的电流 I_C。表明基极对集电极电流失控程度。小功率硅管的 I_{CEO} 约为毫安数量级。

⑥ 特征频率 f_T　指三极管的 β 值下降到 1 时所对应的工作频率。f_T 的典型值约在 $100\sim1\,000$ Hz 之间,实际工作频率 $f<\dfrac{1}{3}f_T$。

2. 几种常用半导体三极管性能

(1) 常用大功率半导体三极管

大功率三极管具有输出功率大、反向耐压高等特点，主要用在功率放大、电源变换、低频开关等电路中。常用的大功率三极管型号及特性见附表 A - 7 中。

附表 A - 7　常用的大功率三极管型号及特性

型　号		极限参数			直流参数	交流参数
NPN	PNP	P_{CM}/W	I_{CM}/A	$U_{(BR)CEO}/V$	β	f_T/MHz
2N2758	2N6226			100	25～100	
2N2759	2N6227	150	6	120	20～80	1
2N2760	2N6228			140	15～60	
2N6058	2N8053	100	8	60	≥1000	4
2N8058	2N2754			80		
2N3713	2N3789			60	≥15	4
2N3714	2N3790			80		
2N5832	2N6228	150	10	100	25～100	
2N5633	2N6230			120	20～80	1
2N5634	2N6231			140	15～60	
2N6282	2N6285	60		60	750～18000	4
2N5303	2N5745	140		80	15～60	200
2N6284	2N6287	160		100	750～18000	4
2N5031	2N4398			40	15～60	2
2N5032	2N4399	200	30	60		
2N6237	2N6330			80	6～30	3
2N6328	2N6331			100		

(2) 常用小功率半导体三极管

常用小功率半导体三极管的特性见附表 A - 8 所列。

附表 A - 8　常用小功率半导体三极管的特性

型　号	极限参数			直流参数			交流参数		类　型
	P_{CM}/mW	I_{CM}/mA	$U_{(BR)CEO}/V$	$I_{CEO}/\mu A$	U_{CE}/V	β	f_T/MHz	C_{OB}/pF	
CS9011						28			
F						54			
G	300	100	18	0.05	0.3	72	150	3.5	NPN
H						97			
I						132			

型 号	极限参数			直流参数			交流参数		类 型
	P_{CM}/mW	I_{CM}/mA	$U_{(BR)CEO}$/V	I_{CEO}/μA	U_{CE}/V	β	f_T/MHz	C_{OB}/pF	
CS9012	600	500	25	0.5	0.6	64	150		PNP
F						96			
G						118			
H						144			
CS9013	400	500	25	0.5	0.6	60	150		PNP
E						60			
F						100			
G						200			
H						400			
CS9014	300	100	18	0.05	0.3	60			NPN
A						60			
B						100			
C						200			
D						400			
CS9015	310 600	100	18	0.05	0.5 0.7	60	50 100	6	PNP
A						60			
B						100			
C						200			
D						400			
CS9015	310	25	20	0.05	0.3	28～97	500		NPN
CS9015	310	100	12	0.05	0.5	28～72	600	2	NPN
CS9015	310	100	12	0.05	0.5	28～72	700		NPN
8050	1000	1500	25			85～300	100		NPN
8550	1000	1500	25			85～300	100		PNP

(3) 使用半导体应注意的事项

① 使用三极管时,不得有两项以上的参数同时达到极限值。

② 焊接时,应使用低熔点焊锡。引脚不应短于 10 mm,焊接动作要快,每根引脚焊接时间不超过 2 s。

③ 三极管在焊接时,应先接通基极,再接入发射极,最后接入集电极。拆下来时,应按反次序,以免烧毁管子。在电路通电情况下,不得断开基极引线,以免损坏管子。

④ 使用三极管时,要固定好,以免因振动而发生短路或者接触不良,并且不应靠

近其他发热元件。

⑤ 功率三极管应加装有足够大的散热器。

三、场效应晶体管

场效应是指半导体材料的导电能力随电场改变而变化的现象。

场效应晶体管（Filed Effect Transistor，简称 FET）是当给晶体管加上一个变化的输入信号时，信号电压的改变使加在器件上的电场改变，从而改变器件的导电能力，使器件的输出电流随电场信号改变而变化，属电压控制器件。场效应晶体管是靠多数载流子（电子或空穴）在半导体材料中运动而实现导电的，参与导电的只有一种载流子，故称其为单极型器件。

场效应晶体管是电压控制器件，其输入阻抗高，在线路上便于直接耦合；结构简单、便于设计、容易实现大规模集成；温度稳定性好，不存在电流集中问题，避免了二次击穿的发生；是多子导电的单极器件，不存在少子存储效应，开关速度快、截止频率高、噪声系数低；其 I、U 成"平方律"关系，是良好的线性器件。因此，FET 用途广泛，用于开关、阻抗匹配、微波放大、大规模集成等领域。可构成交流放大器、有源滤波器、直流放大器、电压控制器、源极跟随器、斩波器、定时电路等。

1. 场效应晶体管（FET）分类

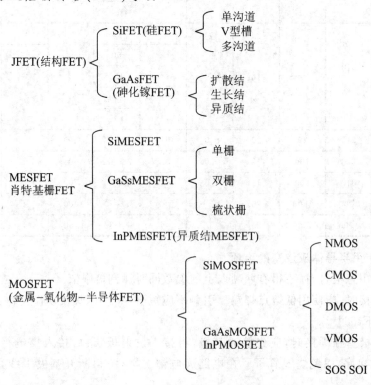

按导电沟道分为两大类：

N 沟道 FET：沟道为 N 型半导体材料，导电载流子为电子的 FET。

P 沟道 FET：沟道为 P 型半导体材料，导电载流子为空穴的 FET。

按工作状态分为：

耗尽型（常开型）：当栅源电压为零时，已经存在导电沟道的 FET。

增强型（常关型）：当栅源电压为零时，导电沟道夹断，当栅源电压为规定开启电压时，才能形成导电沟道的 FET。

2. 场效应管常用参数符号及其意义

场效应管常用参数符号及其意义如附表 A-9 所列。

附表 A-9　常用场效应管参数及意义

参数名称	符　号	意　义
夹断电压	U_P	在规定的漏源电压下，使漏源电流下降到规定值（即使沟道夹断）时的栅源电压 U_{GS}。此定义适用于 JFET 和耗尽型 MOSFET
开启电压（阀值电压）	U_T	在规定的漏源电压 U_{DS} 下，使漏源电流 I_{DS} 达到稳定值（即形成反型沟道）时的栅源电压。此定义适用于增强型 MOSFET
漏源饱和电流	I_{DSS}	栅源短路（$U_{GS}=0$）、漏源电压足够大时，漏源电流几乎不随漏源电压变化，所以对应漏源电流为漏源饱和电流，此定义适用于耗尽型
跨　导	g_m (g_{ms})	漏源电压一定时，栅压变化量与由此引起的漏源电流变化量之比，表征栅电压对漏源电流的控制能力 $$g_{ms} = \frac{\partial i_D}{\partial v_{GS}}\bigg|_{U_{DS}=常数}$$
截止频率		共源电路中，输出短路电流等于输入电流时的频率与双极性结晶体管的 f_T 很相似，也称做增益-带宽积 $$f_T = \frac{g_m}{2\pi C_{gs}}$$ 式中：C_{gs} 为栅源电容 由于 g_m 与 C_{gs} 都随栅压变化，所以 f_T 也随栅压改变而改变
漏源击穿电压	$U_{(BR)DS}$	漏源电流开始急骤增加时所对应的漏源电压
栅源击穿电压	$U_{(BR)GS}$	对于 JFET 是指栅源之间反向电流急骤增长时对应的栅源电压；对于 MOSFET 是指使 SiO₂ 绝缘层击穿而导致栅源电流急骤增长时的栅源电压
直流输入电阻	R_{GS}	栅电压与栅电流之比。对于 JFET 是 PN 结的反向电阻；对于 MOSFET 是栅绝缘层的电阻

3. 常用场效应晶体管的主要参数

3DJ、3DO、3CO 系列场效应晶体管的主要参数如附表 A-10 所列。

附表 A－10　3DJ、3DO、3CO 系列场效应晶体管的主要参数

型　号	类　型	饱　和漏源电流	夹断电压	开启电压	共源低频跨导	栅　源绝缘电阻	最大漏源电压
		I_{DSS}/mA	U_P/V	U_P/V	g_m/mS	R_{GS}/Ω	$U_{(BR)DS}/V$
3DJ6D	结　型场效应管	<0.35	<|-9|		300	≥10^8	>20
3DJ6E		0.3~1.2			500		
3DJ6F		1~3.5					
3DJ6G		3~6.5			1 000		
3DJ6H		6~10					
3D01D	MOS 场效应管（N 沟道耗尽型）	<0.35	<|-4|		>1 000	≥10^9	>20
3D01E		0.3~1.2					
3D01F		1~3.5					
3D01G		3~6.5	<|-9|				
3D01H		6~10					
3D06A	MOS 场效应管（N 沟道增强型）		≤10	2.5~5	>2 000	≥10^9	>20
3D06B				<3			
3C01	MOS 场效应应管（P 沟道增强型）		≤10	|-2|~|-6|	>500	10^9~10^{11}	>15

四、常用的检测方法见附录 C

A6　模拟集成电路引脚排列及参数规范

运算放大器 μA741(μA747,F007,5G24)，引脚排列图见附图 A－10。

运算放大器 LM101(LM101AJ,LM101J/883,LM201AN,LM301AN)引脚排列图同 μA741。

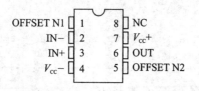

附图 A－10　μA 741 引脚排列图

参数规范：见附表 A－11。

附表 A-11 μA741 的典型参数

参数名称	参数值	参数名称	参数值
输入失调电压	1~5 mV	输出电阻	75 Ω
输入失调电流	10~20 mA	转换速率	0.5 V/μs
输入偏置电流	80 nA	输出电压峰值	±13 V
输入电阻	2 MΩ	输出电流峰值	±20 mA
输入电容	1.5 pF	共模输入电压	±13 V
开环差动电压增益	100 dB	差模输入电压	±30 V
共模抑制比	90 dB	应用频率	10 kHz

附录 B 常用仪器介绍

B1 DS1052E 示波器的使用

DS1052E 示波器实现了易用性,优异的技术指标及众多功能特性的完美结合。根据简单而功能明晰的前面板,通过标度和位置旋钮提供了直观的操作,即可基本熟练使用。

为加速调整,便于测量,用户可直接按 $\boxed{AUTO}$ 键,立即获得适合的波形显现和挡位设置。通过 1GSa/s 的实时采样和 25GSa/s 的等效采样,可在 DS1052E 示波器上观察更快的信号。强大的触发和分析能力使其易于捕获和分析波形。

一、使用前准备

1. DS1052E 的面板和界面

了解 DS1052E 的前面板和用户界面,如附图 B-1 所示。

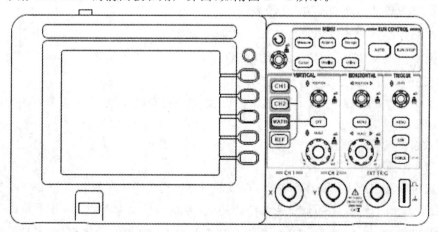

附图 B-1 DS1052E 示波器前面板

　　DS1052E 提供简单而功能明晰的前面板,以进行基本的操作,如附图 B-1 所示。面板上包括旋钮和功能按键,旋钮的功能与其他示波器类似。显示屏右侧的一列 5 个灰色按键为菜单操作键(自上而下定义为 1 号至 5 号)。通过这些旋钮,可以设置当前菜单的不同选项;其他按键为功能键,可以进入不同的功能菜单或直接获得特定的功能应用。

　　面板操作如附图 B-2 所示,主要有多功能旋钮、功能按钮、控制按钮、触发控制、水平控制、垂直控制、信号输入通道、外部触发输入、探头补偿、USB 接口等。

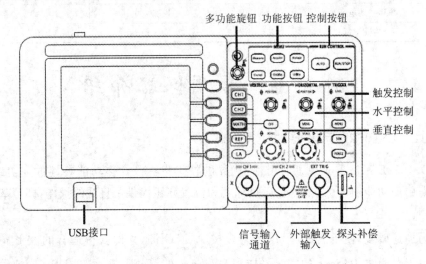

附图 B-2　DS1052E 面板操作图

　　注:使用说明定义:对于按键的文字表示与面板上按键的标识相同。

　　值得注意的是,MENU 功能键的标识用一四方框包围的文字所表示,如 $\boxed{\text{MEASURE}}$ 代表前面板上的一个标注着 Measure 文字的透明功能键;

　　标识为 ◎ 的多功能旋钮,用 ↻ 表示;

　　两个标识为 POSITION 的旋钮,用 ⊕ 表示;

　　两个标识为 SCALE 的旋钮,用 ⊕ 表示;

　　标识为 LEVEL 的旋钮,用 ⊕ 表示;

　　菜单操作键的标识用带阴影的文字表示,如**波形存储**,表示存储菜单中的存储波形选项。

　　界面显示如附图 B-3、附图 B-4 所示。

(1) 接通仪器电源

　　通过一条接地主线操作示波器,电线的供电电压为 100 V 交流电至 240 V 交流电,频率为 45 Hz 至 440 Hz。接通电源后,仪器执行所有自检项目,并确认通过自检,按 $\boxed{\text{STORAGE}}$ 按钮,用菜单操作键从顶部菜单框中选择**存储类型**,然后调出**出厂**

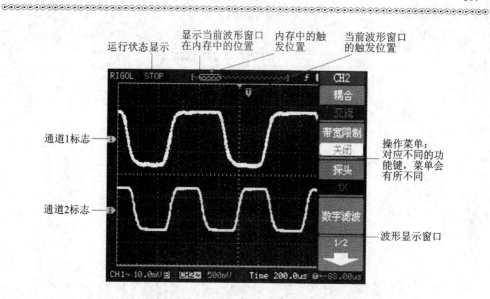

运行状态显示　显示当前波形窗口在内存中的位置　内存中的触发位置　当前波形窗口的触发位置

通道1标志

通道2标志

操作菜单：对应不同的功能键，菜单会有所不同

波形显示窗口

附图 B-3　显示界面图(仅模拟通道打开)

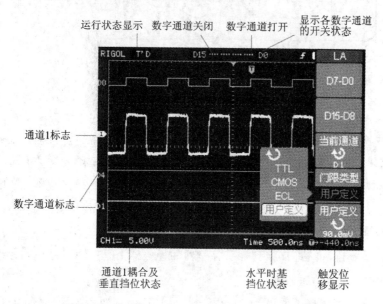

运行状态显示　数字通道关闭　数字通道打开　显示各数字通道的开关状态

通道1标志

数字通道标志

通道1耦合及垂直挡位状态　水平时基挡位状态　触发位移显示

附图 B-4　显示界面图(模拟和数字通道同时打开)

设置菜单框，见附图 B-5。

(2) 示波器接入信号

DS1052E 为双通道输入加一个外触发输入通道的数字示波器，如附图 B-6 所示。接入信号步骤：

① 用示波器探头将信号接入通道1(CH1)：将探头上的开关设定为 10×(见附图 B-6)，并将示波器探头与通道 1 连接。将探头连接器上的插槽对准 CH1 同轴电

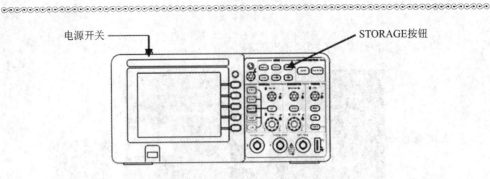

附图 B - 5　上电后检查

缆插接件(BNC)上的插口并插入,然后向右旋转以拧紧探头。

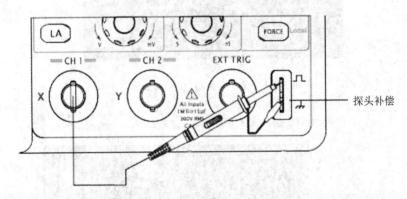

附图 B - 6　探头补偿连接

　　② 示波器需要输入探头衰减系数:此衰减系数改变仪器的垂直挡位比例,从而使得测量结果正确反映被测信号的电平。默认的探头菜单衰减系数设定值为 1×。设置探头衰减系数的方法如下:按 CH1 功能键显示通道 1 的操作菜单,应用与探头项目平行的 3 号菜单操作键,选择与使用的探头同比例的衰减系数。此时设定应为 10×,如附图 B - 7(a)所示。

　　③ 把探头端部和接地夹接到探头补偿器的连接器上。按 AUTO (自动设置)按钮,几秒钟内,可见到方波显示。

　　④ 以同样的方法检查通道 2(CH2)。按 OFF 功能按钮或再次按下 CH1 功能按钮以关闭通道 1,按 CH2 功能按钮以打开通道 2,重复步骤②和步骤③。

　　注意:探头补偿连接器输出的信号仅作探头补偿调整之用,不可用于校准。

2. 示波器自动设置的功能

　　DS1052E 数字示波器具有自动设置的功能。根据输入的信号,可自动调整电压倍率、时基、以及触发方式至最好形态显示。应用自动设置要求被测信号的频率大于或等于 50 Hz,占空比大于 1%。自动设置使用方法:

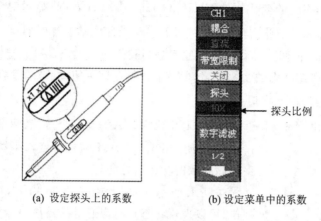

(a) 设定探头上的系数　　(b) 设定菜单中的系数

附图 B-7

① 将被测信号连接到信号输入通道。

② 按下 AUTO 按钮。

示波器将自动设置垂直,水平和触发控制。如需要,可手工调整这些控制使波形显示达到最佳。

二、垂直系统的使用

垂直控制区(VERTICAL)有一系列的按键、旋钮,如附图 B-8 所示。

1. 使用垂直⊙POSITION旋钮在波形窗口居中显示信号

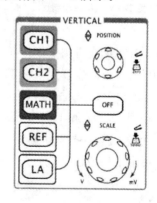

垂直⊙POSITION旋钮控制信号的垂直显示位置。当转动垂直⊙POSITION旋钮时,指示通道地(GROUND)的标识跟随波形而上下移动。

注意: 如果通道耦合方式为 DC,则可以通过观察波形与信号地之间的差距来快速测量信号的直流分量。如果耦合方式为 AC,信号里面的直流分量被滤除。这种方式方便且可用更高的灵敏度显示信号的交流分量。

附图 B-8　垂直控制系统

双模拟通道垂直位置恢复到零点快捷键:旋动垂直⊙POSITION旋钮不但可以改变通道的垂直显示位置,更可以通过按下该旋钮作为设置通道垂直显示位置恢复到零点的快捷键。

2. 改变垂直设置,并观察由此导致的状态信息变化

通过波形窗口下方的状态栏显示的信息,可以确定任何垂直挡位的变化。转动垂直⊙SCALE旋钮改变"Volt/div(伏/格)"垂直挡位,可以发现状态栏对应通道的

挡位显示发生了相应的变化。按 CH1 、CH2 、MATH ，屏幕显示对应通道的操作菜单、标志、波形和挡位状态信息。按 OFF 按键关闭当前选择的通道。

Coarse/Fine（粗调/微调）快捷键：可通过按下垂直 ⊛SCALE 旋钮作为设置输入通道的粗调/微调状态的快捷键，然后调节该旋钮即可粗调/微调垂直挡位。

三、水平系统的使用

如附图 B-9 所示，水平控制区（HORIZONTAL）有一个按键、两个旋钮。

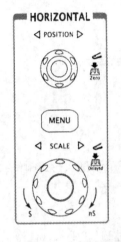

附图 B-9　水平控制区

① 使用水平 ⊛SCALE 旋钮改变水平挡位设置，并观察因此导致的状态信息变化。

转动水平 ⊛SCALE 旋钮改变"s/div（秒/格）"水平挡位，可以发现状态栏对应通道的挡位显示发生了相应的变化。水平扫描速度从 2～50 s，以 1-2-5 的形式步进。

Delayed（延迟扫描）快捷键：水平 ⊛SCALE 旋钮不但可以通过转动调整—"s/div（秒/格）"，更可以按下切换到延迟扫描状态。

② 使用水平 ⊛POSITION旋钮，可调整信号在波形窗口的水平位置。水平 ⊛POSITION旋钮是控制信号的触发位移。当应用于触发位移时，转动水平 ⊛POSITION旋钮时，可以观察到波形随旋钮而水平移动。

触发点位移恢复到水平零点快捷键：通过转动水平 ⊛POSITION旋钮调整信号在波形窗口的水平位置，也可以按下该键使触发位移（或延迟扫描位移）恢复到水平零点处。

③ 按 MENU 按钮，显示 TIME 菜单。此菜单下，可以开启/关闭延迟扫描或切换 Y-T、X-Y 和 ROLL 模式，以及设置水平触发位移复位。

触发位移：指实际触发点相对于存储器中点的位置。转动水平 ⊛POSITION旋钮，可水平移动触发点。

四、触发系统的使用

触发控制区（TRIGGER）有一个旋钮、三个按键，如附图 B-10 所示。

① 使用 ⊛LEVEL旋钮可改变触发电平设置。转动 ⊛LEVEL旋钮，可以发现屏幕上出现一条桔红色的触发线以及触发标志，随旋钮转动而上下移动。停止转动旋钮，此触发线和触发标志会在约 5 s 后消失。在移动触发线的同时，可以观察到在屏幕上触发电平的数值发生了变化。

触发电平恢复到零点快捷键：旋动 ⊛LEVEL垂直旋钮不但可以改变触发电平值，更可以通过按下该旋钮作为设置触发电平恢复到零点的快捷键。

② 使用 $\boxed{\text{MENU}}$ 按键，可调出如附图 B－11 所示触发操作菜单，改变触发的设置，观察由此造成的状态变化。

- 按 1 号菜单操作按键，选择"边沿触发"。
- 按 2 号菜单操作按键，选择"信源选择"为 CH1。
- 按 3 号菜单操作按键，设置"边沿类型"为 上升沿 。
- 按 4 号菜单操作按键，设置"触发方式"为 自动 。
- 按 5 号菜单操作按键，进入"触发设置"二级菜单，对触发的耦合方式，触发灵敏度和触发释抑时间进行设置。

附图 B－10　触发控制区

附图 B－11　触发设置菜单

注：改变前三项的设置会导致屏幕右上角状态栏的变化。

③ 按 $\boxed{50\%}$ 按键设定触发电平在触发信号幅值的垂直中点。

④ 按 $\boxed{\text{FORCE}}$ 按键：强制产生一触发信号，主要应用于触发方式中的"普通"和"单次"模式。

触发释抑：指重新启动触发电路的时间间隔。旋动多功能旋钮，可设置触发释抑时间。

五、使用实例

例一、测量简单信号

观测电路中一未知信号，迅速显示和测量信号的频率和峰峰值。

1. 迅速显示该信号

① 将探头菜单衰减系数设定为 $10\times$，并将探头上的开关设定为 $10\times$。

② 将通道 1 的探头连接到电路被测点。

③ 按下 $\boxed{\text{AUTO}}$（自动设置）按钮。

示波器将自动设置使波形显示达到最佳。在此基础上，可以进一步调节垂直、水平挡位，直至波形的显示符合要求。

2. 进行自动测量

示波器可对大多数显示信号进行自动测量。若测量信号频率和峰峰值，可按如下步骤操作：

(1) 测量峰峰值

按下 $\boxed{\text{MEASURE}}$ 按钮以显示自动测量菜单。按下 1 号菜单操作键以选择信源 **CH1** 。

按下 2 号菜单操作键选择测量类型：电压测量。

在电压测量弹出菜单中选择测量参数：峰峰值。此时，可以在屏幕左下角发现峰峰值的显示。

(2) 测量频率

按下 3 号菜单操作键选择测量类型：时间测量。

在时间测量弹出菜单中选择测量参数：频率。此时，可以在屏幕下方发现频率的显示。

注意：测量结果在屏幕上的显示会因为被测信号的变化而改变。

例二、观察正弦波信号通过电路产生的延迟和畸变

与上例相同，设置探头和示波器通道的探头衰减系数为 10×。将示波器 CH1 通道与电路信号输入端相接，CH2 通道则与输出端相接。操作步骤如下：

1. 显示 CH1 通道和 CH2 通道信号

① 按下 $\boxed{\text{AUTO}}$（自动设置）按钮。

② 继续调整水平、垂直挡位直至波形显示满足测试要求。

③ 按 $\boxed{\text{CH1}}$ 按键选择通道 1，旋转垂直（VERTICAL）区域的垂直 ⊕**POSITION** 旋钮调整通道 1 波形的垂直位置。

④ 按 $\boxed{\text{CH2}}$ 按键选择通道 2，如前操作，调整通道 2 波形的垂直位置。使通道 1、2 的波形既不重叠在一起，又利于观察比较。

2. 测量正弦信号通过电路后产生的延时，并观察波形的变化

(1) 自动测量通道延时

• 按下 $\boxed{\text{MEASURE}}$ 按钮，以显示自动测量菜单。

• 按下 1 号菜单操作键以选择信源 CH1。

• 按下 3 号菜单操作键选择时间测量。

• 在时间测量选择测量类型：延迟 1 与 2。

(2) 观察波形的变化(见附图 B-12)

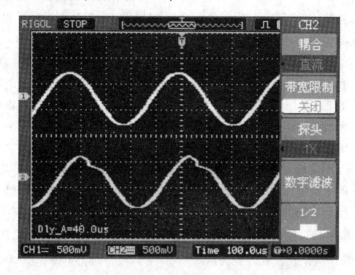

附图 B-12　波形畸变示意图

例三、减少信号上的随机噪声

如果被测试的信号上叠加了随机噪声,可以通过调整本示波器的设置,滤除或减小噪声,避免其在测量中对本体信号的干扰。波形见附图 B-13。

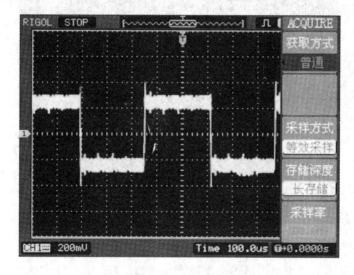

附图 B-13　叠加噪声的波形

操作步骤如下:

① 如前例设置探头和 CH1 通道的衰减系数。

② 连接信号使波形在示波器上稳定地显示。

操作参见前例,水平时基和垂直挡位的调整见前章相应描述。

③ 通过设置触发耦合改善触发。

- 按下触发(TRIGGER)按钮和控制区域 MENU 按钮,显示触发设置菜单。
- **触发设置** 耦合选择 低频抑制 或 高频抑制。

低频抑制是设定一高通滤波器,可滤除 8 kHz 以下的低频信号分量,允许高频信号分量通过。高频抑制是设定一低通滤波器,可滤除 150 kHz 以上的高频信号分量(如 FM 广播信号),允许低频信号分量通过。通过设置**低频抑制**或**高频抑制**可以分别抑制低频或高频噪声,以得到稳定的触发。

④ 通过设置采样方式和调整波形亮度减少显示噪声。

- 如果被测信号上叠加了随机噪声,导致波形过粗。可以应用平均采样方式,去除随机噪声的显示,使波形变细,便于观察和测量。取平均值后随机噪声被减小而信号的细节更易观察。

具体的操作是:按面板 MENU 区域的 ACQUIRE 按钮,显示采样设置菜单。按 1 号菜单操作键设置获取方式为**平均**状态,然后按 2 号菜单操作键调整平均次数,依次由 2 至 256 以 2 倍数步进,直至波形的显示满足观察和测试要求,如附图 B-14 所示。

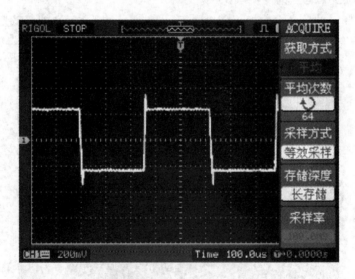

附图 B-14　减少噪声后的波形

- 减少显示噪声也可以通过减低波形亮度来实现。

注意: 使用平均采样方式会使波形显示更新速度变慢,这是正常现象。

B2 GFG-8219 型函数信号产生器

一、主要电参数

1. 整机的主要规格

频率范围：0.3 Hz～3 MHz(7 段选择)

输出振幅：$\geqslant 10U_{pp}$(50 Ω 负载时)

输出阻抗：50 Ω±10%

衰减量：−20 dB±1 dB×2

直流偏置：<-5 V～>5 V(50 Ω 负载时)

工作周期控制：80%：20%：80%到 1 MHz 连续可变

显示器：6 位数 LED 显示

挡位精度：±5%＋1 Hz(在 3.0 的位置)

2. 正弦波

失真度：$\leqslant 1\%$,0.3 Hz～200 kHz

平坦度：<0.3 dB,0.3 Hz～300 kHz<0.5 dB,300 kHz～3 MHz

3. 三角波

线性：$\geqslant 98\%$,0.3 Hz～100 kHz$\geqslant 95\%$,100 kHz～3 MHz

4. 方 波

对称性：±2%,0.3 Hz～100 kHz

上升/下降时间：$\leqslant 100$ ns 在最大输出时(50 Ω 负载)

5. CMOS 输出

$4U_{pp}\pm 1U_{pp}$～$14.5U_{pp}\pm 0.5U_{pp}$可调

上升/下降时间：$\leqslant 120$ ns

6. TTL 输出

扇出：20 TTL 负载电压$\geqslant U_{pp}$

上升/下降时间：$\leqslant 25$ ns

7. VCF 输出

输入电压：0 V～10 V±1 V(100：1)

输入阻抗：10 kΩ±10%

8. GCV 输出

输出电压：依频率的不同输出 0～2 V 的电压

9. 扫描操作

Sweep/Manual：开关可供选择

扫描宽度：最大 100：1 连续可调

扫描时间：0.5～30 s 连续可调

扫描模式：线性/对数开关切换

10. 振幅调变波

调变率：0%～100%

调变频率：400 Hz（内部），DC～1 MHz（外部）

载波频宽：100 Hz～3 MHz（−3 dB）

外部灵敏度：$\leqslant 10U_{pp}$ 为 100% 可调

11. 频率调变波

偏移量：0%～±5%

频率调变：400 Hz（内部），DC～20 kHz（外部）

外部灵敏度：$\leqslant 10U_{pp}$ 为 10% 可调

12. 频率计数器

内部/外部：开关可供选择

范围：0.3 Hz～3 MHz（5 Hz～150 MHz 外部）

精确度：时基精确度±1 位

时基：±20 ppm（23 ℃±5 ℃）经过 30 min 暖机时间

解析度：最大解析度 100 nHz for 1 Hz 及 1 Hz for 100 MHz

输入阻抗：1 MΩ/150 pF

灵敏度：$\leqslant 35$ mVrms（5 Hz～100 MHz）$\leqslant 45$ mVrms（100～150 MHz）

二、面板介绍（对照前面板、后面板图）

附图 B−15 为 GFG−8219 型函数信号产生器的前面板图，附录 B−16 为 GFG−8219 型的后面板图。

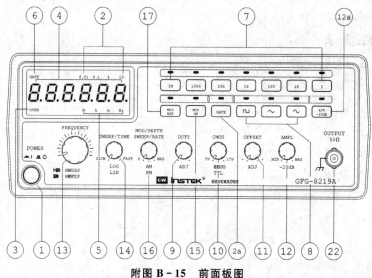

附图 B−15　前面板图

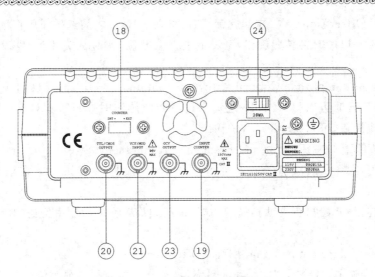

附图 B-16　后面板图

①　Power Switch　按下此键接通电源。

②　Gate Time Indicator　电源开关一按下,此指示灯就会开始闪烁,在内部计数时的 Gate Time 时间为 0.01 s。Gate Time Selector 在使用外部计数模式时,按此键来改变 Gate Time,其改变顺序以 0.01 s,0.1 s,1 s,10 s 的周期进行。

③　Over Indicator　在外部计数时,假如输入信号频率大于计数范围,Over Indicator 的灯会亮。

④　Counter Display　以 6×0.3" 绿色的 LED 显示出外部的频率,内部则以 5×0.3" 绿色的 LED 显示。

⑤　Frequency Indicator　显示出频率的值。

⑥　Gate Time Indicator　显示出目前电流的 Gate Time(只用于外部计数模式)。

⑦　Frequency Range Selector　在面板中选择所需之频率范围键,各按键的频率范围如附表 B-1 所列。

附表 B-1

按　键	1	10	100	1k	10k	100k	1M
频率范围	0.3~3 Hz	3~30 Hz	30~300 Hz	300 Hz~3 kHz	3~30 kHz	30~300 kHz	300 kHz~3 MHz

⑧　Function Selector　按下三个键其中之一,可选择适当的波形输出。

⑨　Duty Function　拉起此旋钮并旋转可以调整输出波形的工作周期。

⑩　TTL/CMOSSelector　按下此旋钮,BNC 接头(20)可输出与 TTL 兼容之波形。若拉起并旋转此旋钮,可从输出 BNC 接头(20)调整 $5\sim15 U_{pp}$ CMOS 输出。

⑪ DC Offset Control　拉起此旋钮时,可在±10 V 之间选择任何直流准位加于信号之输出。以顺时钟转此旋钮,可设定正直流准位,逆时钟旋转时,可设定负直流准位。

⑫ Output amplitude Control with Attenuation operation　顺转时可获得其最大输出值,反转时可取得−20 dB 之输出。拉起此旋钮时亦可观察到 20 dB 衰减输出。按下此旋钮,可取得−20 dB 的输出。

⑬ SWEEP ON Selector and Frequency Adjustment(Sweep On/Off)　按下此旋钮顺转可得频率最大值。逆转可得频率最小值(保持旋钮指标在前板标示刻度内)。

拉起旋钮,开始执行自动扫描的功能,最高扫描频率的限制由旋钮的旋转位置来决定。

⑭ Sweep Time control and LIN/LOG Selector

- 顺转旋钮,可获得扫描时间的最大值,反转时可获得其最小值。
- 按下旋钮,以执行线性扫描,拉起时,为对数扫描。

⑮ Control Mod On/Off Selector　拉起此旋钮,由内部 400 Hz 正弦波调变输出或经 VCF/MOD ㉑外部输入信号加以调变。

⑯ Sweep Width & Modulation Carrier & AM/FM Selector

- FM Selector 扫描宽度控制由 0～1 000 倍。
- 顺转调整调变比率以取得最大值,逆转时可得最小值。
- 按下此钮可得振幅调变波(AM),拉起时可得频率调变波(FM)。

⑰ INT/EXT MOD Selector　按一次按键,指示灯会亮,为外部调变;再按一次按键,指示灯熄灭,为内部调变模式。

⑱ INT/EXT Counter Selector　选择内部计数模式,或外部计数模式(待测信号由 BNC 接头⑲输入)加以计数之选择钮。

⑲ EXT Counter Input Terminal　外部计数器信号输入端。

⑳ TTL/CMOS Output Terminal TTL/CMOS　兼容的信号输出端。

㉑ VCF/MOD Input Terminal VCF　所需的控制电压输入或外部调变之输入端。

㉒ Main Output Terminal　主要信号波形的输出端。

㉓ GCV Output　此为直流电压输出,其电压量随频率的改变而不同。

㉔ 电源电压　选择开关可选～115 V 和～230 V。

B3　MF47 型万用表的使用

附图 B-17 所示为万用表面板图。

1. MF47 万用表基本功能

MF47 型是设计新颖的磁电系整流式、便携式、多量程万用电表,可供测量直流电流电压、交直流电压、直流电阻等，具有 26 个基本量程和电平、电容、电感、晶体管直流参数等 7 个附加参考量程。

2. 刻度盘与挡位盘

刻度盘与挡位盘印制成红、绿、黑三色。表盘颜色分别按交流红色，晶体管绿色，其余黑色对应制成，使用时读数便捷。刻度盘共有六条刻度：第一条专供测电阻用；第二条供测交直流电压、直流电流之用；第三条供测晶体管放大倍数用；第四条供测量电容之用；第五条供测电感之用；第六条供测音频电平。刻度盘上装有反光镜，以消除视差。

除交直流 2 500 V 和直流 5 A 分别有单独插座之外，其余各挡只须转动一个选择开关，使用方便。

附图 B-17　万用表面板

3. 使用方法

在使用前应检查指针是否指在机械零位上，如不指在零位时，可旋转表盖的调零器使指针指示零位。

注意：一般测量时都将测试棒红黑插头分别插入"＋"、"－"插座中；如测量交流直流 2 500 V 或直流 5 A 时，红插头则应分别插到标有 2 500 或"5 A"的插座中。

(1) 直流电流测量

测量 0.05～500 mA 时，转动开关至所需电流挡，直接测量；测量 5 A 时，转动开关可放在 500 mA 直流电流量限上，而后将测试棒串接于被测电路中。

(2) 交直流电压测量

测量交流 10～1 000 V 或直流 0.25～1 000 V 时，转动开关至所需电压挡。测量交直流 2 500 V 时，开关应先旋转至交流 1 000 V 或直流 1 000 V 位置上，再将测试棒跨接于被测电路两端。

(3) 直流电阻测量

首先装上电池（R14 型 2♯1.5 V 及 6F22 型 9 V 各一只），然后转动开关至所需测量的电阻挡，将测试棒两端短接，调整零欧姆调整旋钮，使指针对准欧姆"0"位上（若不能指示欧姆零位，则说明电池电压不足，应更换电池），最后将测试棒跨接于被测电路的两端进行测量。

准确测量电阻时，应选择合适的电阻挡位，使指针尽量能够指向表刻度盘中间三分之一区域。测量电路中的电阻时，应先切断电路电源，如电路中有电容应先行放电。

当检查电解电容器漏电电阻时，可转动开关到 R×1k 等挡位，测试棒红杆必须接电容器负极,黑杆接电容器正极。

(4) 音频电平测量

在一定的负荷阻抗上,用以测量放大级的增益和线路输送的损耗,测量单位以分贝表示。

音频电平与功率电压的关系式为:

$$N=10\ \lg\frac{P_2}{P_1}=20\ \lg\frac{U_2}{U_1}\ (\text{dB})$$

音频电平的刻度系数按 $0\text{dB}=1\text{mW}$,600Ω 输送线标准设计,即 $U_1=\sqrt{P_1Z}=\sqrt{0.001\times600}\ \text{V}=0.775\ \text{V}$($P_2$、$U_2$ 分别为被测功率或被测电压)。

音频电平是以交流 10 V 为基准刻度,如指示值大于 +22 dB 时可在 50 V 以上各量限测量,其示值可按技术规范值加以修正。其测量方法与交流电压基本相似,转动开关至相应的交流电压挡,并使指针有较大的偏转。如被测电路中带有直流电压成分时,可在"+"插座中串接一个 $0.1\ \mu\text{F}$ 的隔直电容。

(5) 电容测量

转动开关至交流 10 V 位置时,被测电容串接于任一测试棒,而后跨接于 10 V 交流电压电路中进行测量。

(6) 电感测量

与电容测量方法相同。

(7) 晶体管直流参数的测量

① 直流放大倍数 h_{FE} 的测量　先转动开关至晶体管调节 ADJ 位置,将红黑测试棒短接,调节欧姆电位器,使指针对准 $300h_{FE}$ 刻度线上,然后转动开关到 h_{FE} 位置,将要测的晶体管引脚分别插入晶体管测试座的 ebc 插座内,指针偏转所示数值约为晶体管的直流放大倍数值。

注意: N 型晶体管应插入 N 型管孔内,P 型晶体管应插入 P 型管孔内。

② 反向截止电流 I_{CEO},I_{CBO} 的测量　I_{CEO} 为集电极与发射极间的反向截止电流(基极开路)。I_{CBO} 为集电极与基极间的反向截止电流(发射极开路),转动开关 $\Omega\times$ 1k 挡将测试棒两端短路,调节零欧姆上(此时满度电流值约 $90\ \mu\text{A}$)。分开测试棒,然后将待测晶体管插入管座内,此时指针的数值约为晶体管的反向截止电流值。指针指示的刻度值乘上 1.2 即为实际值。

当 I_{CEO} 电流值大于 $90\ \mu\text{A}$ 时可换用电阻挡 $R\times100$ 挡进行测量(此时满度电流值约为 $900\ \mu\text{A}$)。

N 型晶体管应插入 N 型管座,P 型晶体管应插入 P 型管座。

③ 三极管引脚极性的辨别(将万用表置于 $\Omega\times1$k 挡)

第一,判定基极 b:由于 b 到 c,b 至 e 分别是两个 PN 结,其反向电阻很大,而正向电阻很小。所以,测试时可任意取晶体管一脚假定为基极。将红测试棒接"基极",黑测试棒分别去接触另两个引脚,如此时测得都是低阻值,则红测试棒所接触的引脚即为基极 b,并且是 P 型管(如用上法测得均为高阻值,则为 N 型管)。如二个引脚测量的阻值差异很大,可另选一个管脚为假定基极,直至满足上述条件为止。

第二,判定集电极 c:对于 PNP 型三极管,当集电极接负电压,发射极接正电压时,电流放大倍数才比较大,而 NPN 型管则相反。测试时假定红测试棒接集电极 c,黑测试棒接发射极 e,记下其阻值,而后红黑测试棒交换测试,将测得的阻值与第一次阻值相比,阻值小的红测试棒接的是集电极 c,黑的是发射极 e,而且可判定是 P 型管(N 型管则相反)。

④ 二极管极性判别 测试时选 R×10k 挡,黑测试棒一端测得阻值小的一极为正极。

万用表在欧姆电路中,红测试棒为电池负极,黑的为电池正极。

注意:以上介绍的测试方法,一般都用 R×100,R×1k 挡,如果用 R×10k 挡,则因该挡用 15V 的较高电压供电,可能将被测三极管的 PN 结击穿,若用 R×1 挡测量,因电流过大(约 90 mA),也可能损坏被测三极管。

4. 注意事项

① 测量时要选择合适的量程挡位,注意被测电量极性和正确使用刻度和读数。

② 万用表虽有双重保护装置,但使用时仍应遵守下列规程,避免意外损失。即

• 测量高压或大电流时,为避免烧坏开关,应在切断电源情况下,变换量限。

• 测未知量的电压或电流时,应先选择最高数,待第一次读取数值后,方可逐渐转至适当位置以取得较准读数并避免烧坏电路。

• 偶然发生因过载而烧断保险丝时,可打开表盒换上相同型号的保险丝(0.5 A/250 V)。

③ 测量高压时,要站在干燥绝缘板上,并一手操作,防止意外事故。

④ 电阻各挡用干电池应定期检查及更换,以保证测量精度。平时不用万用表应将挡位盘打到交流 250 V 挡;如长期不用应取出电池,以防止电液溢出腐蚀而损坏其他零件。

5. 指针表和数字表的选用

① 指针表读取精度较差,但指针摆动的过程比较直观,其摆动速度幅度能较客观地反映被测量的大小(比如测电视机数据总线 SDL 在传送数据时的轻微抖动);数字表读数直观,但数字变化的过程看起来很杂乱,不易读取。

② 指针表内一般有两块电池,一块低电压为 1.5 V,一块是高电压为 9 V 或 15 V,其黑表笔相对红表笔来说是正端。数字表则常用一块 6 V 或 9 V 的电池。在电阻挡,指针表的表笔输出电流相对数字表来说要大很多,用 R×1 挡可以使扬声器发出响亮的"哒"声,用 R×10k 挡甚至可以点亮发光二极管(LED)。

③ 在电压挡,指针表的内阻相对数字表来说比较小,测量精度相比较差。某些高电压微电流的场合甚至无法测准,因为其内阻会对被测电路造成影响(比如在测电视机显像管的加速级电压时测量值会比实际值低很多)。数字表电压挡的内阻很大,

至少在 MΩ 级,对被测电路影响很小。但极高的输出阻抗使其易受感应电压的影响,在一些电磁干扰比较强的场合测出的数据可能是虚的。

④ 相对来说,在大电流高电压的模拟电路测量中适用指针表,比如电视机、音响功放。在低电压小电流的数字电路测量中适用数字表,比如 BP 机、手机等。也可根据情况选用指针表和数字表。

B4　CA‑2171 型晶体管毫伏表的使用

1. 晶体管毫伏表用途

本仪器属放大—检波式晶体管毫伏表。用来测量正弦交流电压有效值,具有较高的输入阻抗,适用于车间、实验室做测量维修之用。技术性能如下:

测量交流电压范围:1 mV～300 V。

满度量程分下列十一挡:1 mV、3 mV、10 mV、30 mV、0.1 V、0.3 V、1 V、3 V、10 V、30 V、100 V、300 V。分贝量:−7 dB～+52 dB。

被测电压的频率范围:20 Hz～1 MHz。

附图 B‑18 为 CA‑2171 型晶体管毫伏表面板示意图。

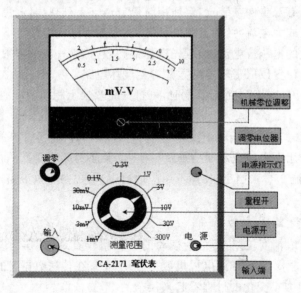

附图 B‑18　CA‑2171 型晶体管毫伏表面板示意图

2. 学会使用 CA‑2171 型晶体管毫伏表

① 机械零位调整:未接通电源,调整电表的机械零点(不需要经常调整)。

② 调零电位器:打开电源,指示灯即亮,表示电源接通,仪器处于工作状态。将输入线(红、黑测试夹)短接,待电表指针摆动数次至稳定后,校正调零旋钮,以使指针置于零位。需要逐挡调零(DF2173 型面板上没有设置调零电位器,不用逐挡调零)。

③ 量程开关：共分 1 mV，3 mV，10 mV，30 mV，100 mV，300 mV，1 V，3 V，10 V，30 V，300 V 计 11 个挡级。量程开关所指示的电压挡为该量程最大的测量电压。为减少测量误差，应将量程开关放在合适的量程，以使指针偏转的角度尽量大。测量前，先估计待测电压的大小。如果无法确定被测电压的大小，量程开关应由高量程挡逐渐过渡到低量程挡，以免损坏设备。

④ 数值读取：一般指针式表盘毫伏表有三行刻度线，其中第一行和第二行刻度线指示被测电压的有效值。当量程开关置于"1"打头的量程位置时（如 1 mV，10 mV，0.1 V，1 V，10 V），应该读取第一行刻度线，当量程开关置于"3"打头的量程位置时（如 3 mV，30 mV，0.3 V，3 V，30 V，300 V）应读取第二行刻度线。

3. 晶体管毫伏表使用注意

① 使用晶体管毫伏表测量较高电压时，一定要注意安全，尽量避免接触可能产生漏电的地方。

② 超过毫伏表最大量程的输入电压，可能会造成毫伏表的损坏。

③ 晶体管毫伏表具有较高的输入阻抗，容易受到外界电磁干扰的影响。特别在低电压量程下，输入端悬空，可能造成指针大幅度摆动，甚至指针持续满偏，这样很容易造成指针损坏。因此，在长期不使用晶体管毫伏表时，应将电源关闭，在短期不使用时，应将量程置于较高电压挡。

④ 要测量难以估计大小的被测信号，应先将量程选择开关置于最大值，然后在测量中逐步减小量程，这样可以避免指针的过度摆动。

⑤ 只有在保证被测信号为标准正弦波时，才不需要示波器并联检测。否则，一定要用示波器监视被测波形，以保证其是否正弦波。这样，测量的结果才有意义。

⑥ 接地端与被测电路地端要连接可靠。

附录C　常用电子元器件的检测

一、电阻的检测

① 先将万用表平放在桌面上，为保证读数准确，应使其不受振动。使用前先检查指针是否在机械零位上，如不在，应缓慢旋转调零旋钮使指针指在零位上。

② 测电阻时，将万用表转换开关转到电阻挡某一倍率的位置上（如×1、×10、×100或×1k）；将两表笔短路，旋转"Ω"调零旋钮使指针指在零欧姆上；然后把表笔分开，去接触待测电阻两端。表指针的示值乘以倍率即为待测电阻的阻值。每次测电阻换挡后需要重新校准"Ω"调零指示（如果两表笔短接后指针调不到零欧姆上，说明电池电压不足，应更换表内电池）。

③ 测电阻时应注意手不能同时握住两表笔的金属部分，以免增大测量误差。这是因为两手握表笔，测量值是人体电阻与待测电阻并联后的总阻值，则测量值比实际

值要小(越是高阻值的电阻测量误差越大)。

④ 在测电路板上的电阻时,在不能确定电路中待测电阻是否有并联的电阻存在时,必须先把该电阻的一端与电路断开再测量,否则并联电阻会使待测电阻的测量值比实际值小。

⑤ 在测量电阻之前,应先将电源断开,电路中有电容时应先放电,否则等于用电阻挡去测定该电阻两端的电压,会损坏电表。

⑥ 为了提高测量的准确度,选择欧姆倍率时,应使指针尽可能靠近表盘中心阻值,这样读数才较准确。

⑦ 读取电阻值时,应看表盘上最上边的刻度示数。有些较精密的表头在表针下沿刻度有一条狭窄的反光镜,读数时视线应与表盘垂直,这时表针和表针在反光镜面里的像相重叠。

⑧ 使用完毕,应将转换开关旋转到空挡或最高电压挡位置上。

测电阻值时,如果表针在"∞"位置上,即表针丝毫不摆动,则表示电阻内部已断;如果即使量程置于"R×1"挡,表针偏转也满刻度,即指示阻值为"0",说明电阻已短路损坏。电阻在断路或短路损坏情况下,都不能再用。如果测量值与标称值相差不远,相差大小在误差允许范围内,属于正常情况。

用数字万用表测量阻值时,选择好合适的量程可直接读数据,单位与所选量程的单位一致。

二、电容的检测

1. 电解电容极性的判断

电解电容有正、负极之分,正极为金属极片,负极是固体或液体的电解质。其正、负极标注在电容的外壳上,一般只标注其负极,用"一"号或者用"——"标注在负极的一侧,有的还用一条白色虚线表示负极。在外形上正极的引脚比负极的长。在外形和标注无法判断极性的情况下,可通过万用表来判断其极性。因为在电容的正极接高电位,负极接低电位时,电容的漏电电流小,漏电电阻大。反之,则漏电电流大,漏电电阻小。检测前先对电容进行放电,并选择合适的电阻挡,再用万用表的两表笔分别接触电容的两个极,注意观察表笔的摆动幅度,并记住位置,将电容放电后,对调两表笔再测一次。哪一次表笔停留时摆动的幅度小,则说明黑表笔接触的那个极是电容的正极,红表笔接触的那个极是电容的负极。

2. 电解电容容量和漏电电阻的检测

电解电容常见的故障有容量减少、容量消失、击穿短路及漏电,其中容量变化是因电解电容在使用或放置过程中其内部的电解液逐渐变干引起,而击穿与漏电一般为所加的电压过高或本身质量不佳引起。判断电容的好坏一般采用万用表的电阻挡进行测量。黑表笔是高电位,接电容正极,红表笔是低电位,接电容负极。

用万用表测量电解电容时,应根据被测电容的电容量选择适当的量程。通常,

1 μF 与 2.2 μF 的电解电容用 R×10 k 挡,4.7～22 μF 的电解电容用 R×1 k 挡,47～220 μF 的电解电容用 R×100 挡,470～4 700 μF 的电解电容用 R×10 挡,大于 4 700 μF 的电解电容用 R×1 挡。利用万用表内部电池给电容进行正、反向充电,通过观察万用表指针向右摆动幅度的大小,即可估测出电容的容量。

　　将万用表置于适当的量程,将其两表笔短接后调零。黑表笔接电解电容的正极,红表笔接其负极时,电容开始充电,正常时表针应先向电阻小的方向摆动,然后逐渐返回直至无穷大处。表针的摆动幅度越大或返回的速度越慢,说明电容的容量越大,反之则说明电容的容量越小。如表针指在中间某处不再变化,说明此电容漏电,读出该位置阻值,即为电容漏电电阻。漏电电阻越大,其绝缘性越高。一般情况下,电解电容的漏电电阻大于 500 k Ω时性能较好,在 200～500 k Ω时电容性能一般,而小于 200 k Ω时漏电较为严重。如电阻指示值很小或为零,则表明此电容已击穿短路,因万用表使用的电池电压一般很低,所以在测量低耐压的电容时比较准确,而当电容的耐压较高时,这时尽管测量正常,但加上高压时则有可能发生漏电或击穿现象。

　　再将两表笔对调(黑表笔接电解电容负极,红表笔接电解电容正极)测量,正常时表针应快速向右摆动(摆动幅度应超过第一次测量时表针的摆动幅度)后返回,且反向漏电电阻应大于正向漏电电阻。若测量电解电容时表针不动或第二次测量时表针的摆动幅度不超过第一次测量时表针的摆动幅度,则说明该电容已失效或充放电能力变差。若测量电解电容的正、反向电阻值均接近零,则说明该电解电容已击穿损坏。

(1) 测量电解电容时的注意事项

　　① 测量一次电容前都必须先放电后再测量(无极性电容也一样)。

　　② 测量电解电容时一般选用 R×1 k 或 R×10 k 挡。

　　③ 选用电阻挡时要注意万用表内电池的电压(一般最高电阻挡使用 6～22.5 V 的电池,其余的使用 1.5 V 或 3 V 电池),电压不应高于电容额定直流工作电压,否则测量出来结果是不准确的。

(2) 电解电容的使用注意事项

　　① 电解电容由于有正、负极性,因此在电路中使用时不能颠倒连接。在电源电路中,输出正电压时电解电容的正极接电源输出端,负极接地,输出负电压时则负极接输出端,正极接地。当电源电路中的滤波电容极性接反时,因电容的滤波作用大大降低,一方面引起电源输出电压波动,另一方面又因反向通电使电解电容此时相当于一个电阻发热。当反向电压超过某值时,电容的反向漏电电阻将变得很小,这样通电工作不久,即可使电容因过热而炸裂损坏。

　　② 加在电解电容两端的电压不能超过其允许工作电压,在设计实际电路时应根据具体情况留有一定的余量,在设计稳压电源的滤波电容时,如果交流电源电压为 220 V 时变压器次级的整流电压为 20 V,此时选择耐压为 25 V 的电解电容一般可以满足要求。但是,假如交流电源电压波动很大,且有可能上升到 250 V 以上时,最

好选择耐压 30 V 以上的电解电容。

③ 电解电容在电路中不应靠近大功率发热元件，以防因受热而使电解液加速变干。

(3) 更换电容时应掌握的原则

① 保证容量基本相同。如无此电容，可用串、并联的方法由多个电容组成一个等容量电容。

② 保证额定工作电压不小于原电容的额定工作电压。

③ 可用高频电容代替低频电容，但不可用低频电容代替高频电容，可用优质的电容代替一般的电容，但不可用一般的电容代替优质的电容。如高频瓷介电容可代替低频瓷介电容，而优质的钽电解电容不可用普通的铝电解电容代替。

3. 5 000 pF 以上非电解电容的检测

首先在测量电容前必须对电容短路放电，再用万用表最高挡 R×1 k～R×10 k 挡测量电容两端，表头指针应先摆动一定角度后返回无穷大（由于万用表精度所限，该类电容指针最后都应指向无穷大）。若指针没有任何变动，则说明电容已开路；若指针最后不能返回无穷大，则说明电容漏电较严重；若为零，则说明电容已击穿。电容容量越大，指针摆动幅度就越大。可以根据指针摆动最大幅度值来判断电容容量的大小，以确定电容容量是否减小。测量时必须记录好测量不同容量的电容时万用表指针摆动的最大幅度，才能作出准确判断。若因容量太小看不清指针的摆动，则可调转电容两极再测一次，这次指针摆动幅度会更大。

对于容量较小电容，也可用万用表的电阻挡测量其是否短路或漏电，即只需测其两脚间的电阻，常值为无穷大。若测其是否失效，可用一个外加的直流电源和万用表的电压挡进行判断。如电容良好，那么在直流电源接通的瞬间万用表指针应有摆动，容量越大摆动的幅度也越大，然后指针回到零点；如果在直流电源接通的瞬间指针不动，说明电容已断路；如果指针回不到零点，说明有漏电存在。

4. 小电容好坏的检测

几千皮法以下的小电容如果万用表不能直接判别，可将被测小电容串入市电电路，用万用表的交流电压挡测其能否让交流电通过。若被测电容耐压低，可先串入一只 0.01 μF 高耐压值的电容再进行测试。若测量中电压为零，则被测电容开路；若被测电压等于市电电压，则被测电容短路，从而判断电容的好坏。

另外，也可用试电笔帮助判断小电容的好坏。将试电笔插在市电火线上，用手捏住电容引脚的一端，另一端接触试电笔顶端金属部位。若试电笔氖管发亮，说明被测电容完好；若不亮，说明此电容已坏。

三、二极管的检测

1. 普通晶体二极管的极性检测

普通晶体二极管的极性检测有以下三种方法：

① 根据二极管所具有单向导电特性,即正向电阻很小、反向电阻很大的特点,通过测电阻可判别二极管的极性。一般带有色环的一端表示负极。用万用表 R×100 或 R×1 k 挡测量二极管正、反向电阻,阻值较小的一次,二极管导通,黑表笔接触的是二极管正极(指针万用表使用电阻挡时黑表笔是高电位)。

② 用数字万用表测三极管电流放大倍数的 h_{FE} 专用插孔来判断,选择 NPN 型 h_{FE} 插孔,三个孔用"E"、"B"、"C"三个字母表示。将被测二极管插入"C"孔和"E"孔,如果表显示为"1",说明"C"孔所插的是二极管的正极,"E"孔所插的是二极管的负极;如果表显示为"000"或者无任何显示,则说明被测二极管处于反向偏置状态,"E"孔所插为其正极,"C"孔所插为其负极。

③ 数字万用表有专用的测二极管和三极管的挡位,用两管符号来表示该挡。数字万用表的红表笔接内部电池的正极,黑表笔接内部电池的负极,和指针式万用表刚好相反。将数字万用表置于二极管挡,红表笔插入"V/Ω"插孔,黑表笔插入"COM"插孔。将两支表笔分别接触二极管的两个电极,如果显示溢出符号,说明二极管处于反向截止状态,此时黑表笔接的是管子正极,红表笔接的是负极。反之,如果显示值在 1 000 mV 以下,则二极管处于正向导通状态,此时与红表笔相接的是管子的正极,与黑表笔相接的是管子的负极。数字万用表实际上测的是二极管两端的压降。由于二极管正向导通时电阻很小,在其上的电压降也小,一般为 100～1 000 mV 之间;而反向截止时,由于电阻为无穷大,电压全部降在二极管两端,所以有的数字万用表显示为溢出符号,有的显示值为"1 500 mV"。

2. 普通晶体二极管的性能检测

通常二极管的正、反向电阻相差越大,说明其单向导电性能越好。因此,可以从二极管的正、反向电阻判别二极管的单向导电性能好坏。

二极管是非线性元件,不同型号的万用表,使用不同挡次测量结果亦不同。用 R×100 挡测量时,通常小功率锗管正向电阻在 200～600 Ω 之间,硅管在 900 Ω～2 kΩ 之间。对于大功率二极管,应使用 R×1 挡测量,其值约为十几至几十欧. 利用这一特性可以区别出硅、锗两种二极管。锗管反向电阻大于 20 kΩ 即可符合一般要求,而硅管反向电阻都要求在 500 kΩ 以上,小于 500 kΩ 都视为漏电较严重,正常硅管测其反向电阻时,万用表指针都指向无穷大。

总的来说,二极管正、反向电阻相差越大越好,阻值相同或相近都视为已损坏管。如果两次测得的值均为"0",那么二极管已击穿。测量二极管正、反向电阻时宜用万用表 R×100 或 R×1 k 挡,硅管也可以用 R×10 k 挡来测量。

代换二极管时,并不需要每个参数都与原来的完全相同或优胜,只要某些重要参数与原来的相同或优胜即可代换。如检波二极管代换时,重点注意其截止频率和导通压降即可;而普通整流二极管则要重点注意其最高反向电压及最大正向工作电流;开关管则要重点注意其导通时间和压降及反向恢复时间。

3. 万用表判别硅管和锗管

① 测电阻法　因为硅二极管在正向导通时的电压降比锗二极管大,而在反向截止时,硅二极管的反向漏电电流比锗二极管小。这点区别反映在直流电阻上时,表现为硅二极管的正、反向电阻值都比锗管大。据此便可通过对正向电阻值的测试来判断所测二极管是硅管还是锗管。用 R×100 挡测量时,一般锗管为几百欧姆,硅管为几千欧姆。

② 用万用表电阻挡估测正向压降进行判别　将万用表置于 R×100 挡或 R×1 k 挡,黑表笔接二极管的正极,红表笔接负极,读出表针偏转占满偏时的百分数,再代入公式 $U_L = \sigma \times 5$ V(σ 为表针偏转百分数),求出被测二极管的正向压降 U_L。若 U_L 的值约为 $0.5 \sim 0.7$ V,则被测管为硅管;若 U_L 的值约为 $0.1 \sim 0.3$ V,则被测管为锗管。

测量时应注意:二极管是非线性元件,正向电阻随电流变化而变化,在电阻挡的不同倍率时测出正向导通压降不同,倍率越小,测得 U_L 值越大。

③ 用一节 1.5 V 的电池与电阻值为 300 Ω 的限流电阻构成一个串联电路测量正向压降进行判别。测量时,二极管按正向连接接入电路,万用表置于直流电压 2.5 V 或 10 V 挡,红表笔和黑表笔分别与二极管的正、负极相接。若测得电压约为 $0.5 \sim 0.7$ V,被测管是硅管;若测得电压约为 $0.1 \sim 0.3$ V,则被测管是锗管。

4. 稳压二极管的极性与好坏的判别

稳压二极管和普通二极管一样,也是利用 PN 结的正、反向电阻值不同(相差很大)来判断的。用指针万用表测量时,首先把万用表拨至 R×1 k 挡,再用红表笔和黑表笔分别接触稳压二极管的两极,记住所测得的电阻值,再把两个表笔对调后再去碰两极。比较两次测试的结果,测试结果小的一次黑表笔所接触的电极为稳压二极管的正极,红表笔接触的电极为负极。两次测试的阻值相差越大,说明稳压二极管的性能越好。如果测得的正、反向电阻很大或者为零,说明此稳压二极管已损坏。若测得的正、反向电阻很接近,说明此稳压二极管的性能很差,也不能使用。注意稳压二极管要反接使用。

5. 稳压二极管与普通二极管的鉴别

稳压管与普通二极管伏安特性相似,外形也相似。通过低压(1.5 V)电阻挡测量其正、反向电阻及观察外形很难把它们区分开来。而稳压管与普通二极管用途完全不同,使用时,有必要将两者加以鉴别。

普通二极管的反向击穿电压较高,一般在 50 V 以上,有的在几百伏甚至高达数千伏,且在反向击穿后随着电流变化端电压变化幅度较大。而稳压管的反向击穿电压(即近似等于稳定电压 U_Z)较低。常用的稳压管的稳定电压一般是几伏到 20 V,击穿后电压几乎不随着电流变化而变化。

因此可用万用表 R×10 k 挡测反向电阻鉴别稳压管和普通二极管。当用 R×

100 或 R×1 k 低电压(1.5 V)电阻挡测反向电阻时,阻值很大,但当改用 R×10 k 高电压(表型不同电压值不同,一般内部电池电压为 9～20 V)电阻挡测量其反向电阻时,测得电阻值变得很小,说明被测管是稳压管。这是由于表内高压电池电压大于被测管的击穿电压(稳定电压),使其发生击穿,而使反向电阻急剧下降。若改用 R×10 k 挡测其反向电阻时,阻值仍很大,一般来说是普通二极管。但也不能排除被测管是稳压管的可能,因为当稳定电压大于表内电池电压时不能被击穿。

如果手头使用的万用表高压电阻挡电源电压不够高,可用可调直流电源电压,调节范围为 0～30 V。万用表量程置于 5 mA 或 10 mA,并将红表笔接直流电源正极,可调直流电源输出电压调到最小位置上,再将被测稳压管按反向接法接入电路(稳压管在接入电路测量之前先用万用表 R×100 或 R×1k 挡测出正、负极)。测量时,将可调直流电源电压从零逐渐增大,同时观察万用表指示。开始时,万用表指示电流值应为零。随着电压升高,在接近其反向击穿时,有很小的电流指示。当电压上升到它的反向击穿电压时,这时电流突然变得很大(由于电阻的限流作用,将电流限在 5 mA 左右)。当直流电源电压在 0～20V 调节时,能观察到万用表电流指示突然增大,说明被测管是稳压管,否则是普通二极管。

6. 稳压二极管稳压值的测量

由于稳压管制造上的离散性,同型号稳压管的稳压值不可能都相等,因此不能凭管子型号就能知道其稳压值,使用时必须进行挑选。另外,当稳压管上的型号标志已剥落或模糊不清时,都需要进行稳压值的测量,可以用以下两种方法测量。

(1) 用直流稳压电源及直流电压挡测量

测量时,稳压管按反向接法接入电路,把万用表置于直流电压挡,然后慢慢调高稳压电源的输出电压 U,观察万用表的电压指示值也慢慢升高。当观察到稳压电源的输出电压升高而万用表的指示电压不再升高时,此时万用表测得的电压值即为稳压管的稳压值。

(2) 用万用表和兆欧表测量

将万用表置于直流电压挡,摇动兆欧表直到万用表的电压指示值不再随转速加快而升高,这时万用表指示的电压值即被测管的稳压值 U。若测试时,万用表表针偏转角度很小,可将量程开关切换到较低电压挡测量。用摇表测量稳压值即使稳压管极性接反也不会烧坏管子。若测得电压值在 0.7 V 左右,说明稳压管极性接反,应将极性换过来再测。

7. 三引脚稳压管与普通三极管的区分

稳压管一般是两个引脚,但也有三个引脚的,如 2DW7A,是一种具有温度补偿特性的电压稳定性很高(电压温度系数很小)的稳压管。这种稳压管外形很像晶体三极管,但它实际上是封装在一起的一个对接起来的稳压管和一个普通二极管。使用时,③脚空着不用,①、②脚可不分极性接人电路。其中反向接法管子用于稳压,而正向接法管子用于温度补偿。两只管子性能对称,利用两只管子性能对称(反向击穿电压相同)这一点作为鉴别依据。鉴别方法如下：先找出中心端③，将万用表置于 R×100 挡，黑表笔接被测管任意一个电极，红表笔依次接其余两个电极。当测得两个电阻值均很小(约数百至数千欧)，则黑表笔所接的电极为中心端③。然后将万用表置于 R×10 k 挡，红表笔接刚已判别出的电极③，黑表笔依次接触其余两个电极，如果阻值较小(比用 R×100 挡测要小得多)，而且大小接近，可以判定该管为稳压管。如果测量时，只有其中一个电阻值较小，另一个电阻值仍同与 R×100 挡测量一样很大，则说明该管为三极管。因为晶体三极管的发射结反向击穿电压较低，而集电结反向击穿电压较高。用 R×100 挡测量时，发射结和集电结的反向电阻都很大，而当用 R×10 k 挡测量时，发射结发生反向击穿，测得电阻较小，而集电结不能被反向击穿，因而测得反向电阻仍然很大。

注意：尽管普通三极管的集电结和发射结的反向击穿电压值比较大，但是有些三极管发射结的反向击穿电压值比较小，因此，如果用 R×1 k 挡以下的量程能够判断出被测管为三极管时，也就不必再用 R×10 k 挡测量了，以免把三极管烧坏。

8. 普通发光二极管好坏和极性的检测

由于发光二极管内部结构是一个 PN 结，具有单向导电的特性，因此可通过测量其正反向电阻来判别其极性和好坏。

测量时，万用表置于 R×10 k 挡，测量发光二极管的正、反向电阻值。若其正向电阻比普通二极管的正向电阻大得多，正向电阻一般在 $50\sim80$ kΩ，反向电阻应大于 400 kΩ，管子为正常。如果测正、反向电阻均为零，表明管子内部已击穿短路；如果测得正、反向电阻均为无穷大，说明内部断路。

在测量正、反向电阻的同时，可判别发光二极管的极性。判别方法同普通二极管一样。测得阻值小的一次，其黑表笔所接电极为正极，另一电极为负极。另外，可从管子电极引线的长短识别正、负极。对金属壳封装的那种，靠近凸块的引脚为正极，较短的引脚为负极。对于全部用透明环氧树脂封装的管子，引线较长的电极为正极，较短的为负极。

测量的正、反向电阻正常，还不能判断被测管性能是否真正良好，还需进一步检查能否发光。发光二极管的工作电压一般在 1.8 V 左右，而工作电流在 1 mA 以上时才能发光。万用表的 R×1 或 R×10 挡，内阻虽小，电池电压为 1.5 V，不能使管子完全正向导通而发光；而 R×10 k 挡，电池电压虽然较高，但其内阻(中值电阻)太大，工作电流太小，也不能正常发光。

可用以下方法检测：用两节 1.5 V 干电池，将万用表置于直流电流 50 mA 挡，4.7 kΩ电位器开始时调在阻值量大位置，然后将其阻值逐渐调小，如果发光二极管能发光，说明其正常。

9. 数字万用表检测普通发光二极管的好坏和极性

将数字万用表拨至 h_{FE} 的 NPN 挡，把发光二极管的两个引脚分别插入 NPN 挡的"C"插孔和"E"插孔,如果单色发光二极管发光,并且电表屏幕显示溢出符号"1",则表示插入"C"插孔的引脚是其正极,插入"E"插孔的引脚是其负极,并且其质量性能良好;如果单色发光二极管不发光,并且电表屏幕显示符号"000",则表示或者是把其正、负极插反了,或者是其内部存在断路故障。对其质量性能的进一步检测是,把两引脚位置调换一下,发光二极管能发光,说明其质量性能良好,如果还不发光,则表示其已损坏;如果电表屏幕显示溢出符号"1",但是单色发光二极管不发光,这表示该被测单色发光二极管内部存在极间短路现象。

若是 PNP 挡,当插上的发光二极管发光时,则"E"为发光二极管的正极,"C"为负极。

10. 红外发光二极管的检测

(1) 红外发光二极管极性的判别

将万用表的黑表笔插入万用表的"—"插孔,将红表笔插入万用表的"+"插孔,即黑表笔接仪表内部电源的正极,红表笔接仪表内部电源的负极。万用表量程选 R×100 挡,将表笔分别搭在发射管的两极,读出仪表示值;调换仪表测试笔,再测试一次。如果第一次测量时仪表指示在 1.8 kΩ 左右,第二次测量时仪表指示在无穷大,则第一次测量时黑表笔搭的极为红外线发射管的正极,红表笔搭的极为红外发射管的负极。封装外形上红外发光二极管的正极长,负极短。

(2) 红外发光二极管发射能力的测试

因为红外发光二极管发出不可见光,所以不能用测量一般发光二极管能否发光及发光强弱的方法来测红外发光二极管。发射能力可用附图 C-1 电路来检测。

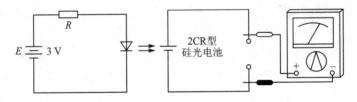

附图 C-1　红外发光二极管检测电路

该电路中用 2CR 型硅光电池作为光的接收器件。2CR 型硅光电池开路电压一般为 0.45~0.6 V,最大开路电压是 0.6 V。测量时,万用表置于直流电压 1 V 或2.5 V 挡,红外发光二极管的发光面直接对准硅光电池,使硅光电池不受其他光的影响。若万用表有电压指示,则红外发光二极管已经发光,且可根据测得电压大小检测发光的强弱。

把红外发光二极管的发光面与硅光电池按一定角度变化,可检测出发光的范围。改变红外发光二极管与硅光电池的距离,可检测出该红外发光二极管的最远控制距离。

11. 红外接收二极管的检测

红外接收二极管可以将红外发光二极管等发射的红外光信号转变为电信号,广泛应用于各种家用电器及各种电子产品的红外遥控接收系统中。

典型产品(如 RPM 301B)的响应时间小于 5 μs,最大消耗功率小于 200 mW,光电流小于 200 mA,暗电流小于 10 μA,反向击穿电压大于 25 V,饱和压降小于 1 V。

遥控发射器测试电路如附图 C-2 所示。

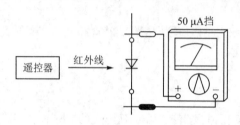

附图 C-2　红外接收二极管的检测

测试时,将万用表置于 50 μA 挡,遥控器距接收管约 10 mm。在确定遥控器良好的情况下,按下遥控器按钮,万用表在 10 μA 左右随遥控器的变化而摆动,表示红外接收二极管良好。如果按下遥控器的按键,万用表指示为零,说明红外接收二极管损坏;如果万用表指示为某一固定值,说明发射管流过的是直流,没有调制信号发出;如果电流过小,说明红外线太弱。检测时,红外接收二极管可用滤色的黑色红外接收二极管。

12. 红外发射、接收对管的检测

测试的接线方法如附图 C-3 所示。测试时万用表欧姆挡选用 R×1k 挡,黑表笔搭在接收管的 C 极,红表笔搭在接收管的 E 极,再将发射管的发射窗对正接收管的接收窗,使两者间相距约 10 mm,在开关 K 没有合上时,测试结果为无穷大。

接通开关 K,发射管发射出红外线,接收管在红外线的作用下产生光电流,万用表指示 C、E 极间的电阻。若仪表无指示,表明接收管回路有故障;若指示为零,表示接收管已坏。若调节电位器减小 R_P 的阻值,使发射管的工作电流加大,发出更强的红外线,万用表指示电阻值应随之减小,一般为几千欧姆;如果万用表指示不作相应变化,表示接收管已不能随发射管发射红外线的强弱作相应变化,该管已失效。

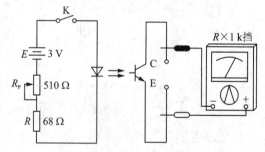

附图 C-3　红外发射、接收对管的检测

四、晶体三极管的检测

1. 晶体三极管基极和管型的判别

世界各国对三极管的引脚排列没有一个统一的标准,因此掌握引脚的判断方法

对三极管的正确使用十分重要。

　　首先判断基极：将万用表的电阻挡置 R×1k 或 R×100 挡,将黑表笔固定接某一极,红表笔分别接另两极,如果两次测量阻值均很小,那么黑表笔所接为基极,且管子是 NPN 型;或者将红表笔固定接某一极,黑表笔分别接另两极,如果两次测量的值均很小,那么红表笔所接为基极,且管子是 PNP 型。

　　在确定了基极和管子的类型后,可接着判断集电极和发射极,方法如下。

　　假定其中一极为集电极,用一个 100 kΩ 的电阻,电阻的一端接基极,另一端接假定的集电极,将万用表置电阻挡。对于 NPN 型管子,将黑表笔接集电极,红表笔接发射极,记下此时的电阻值;然后再假定另一极为集电极,用同样的方法测得另一电阻值。两次测量中,阻值较小的那次黑表笔所接为集电极,如附图 C-4 所示。

　　为了方便起见,可用比较潮湿的手指代替 100 kΩ 的电阻,只要用手指同时捏住基极和另一极即可。

　　对于 PNP 型的管子,只要将红表笔接假定的集电极,黑表笔接发射极,同样可测得两个阻值。阻值较小的那次红表笔所接为集电极,见附图 C-5。

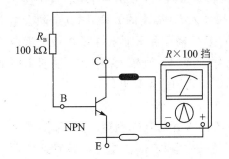

附图 C-4　万用表判别 NPN 型
集电极和发射极

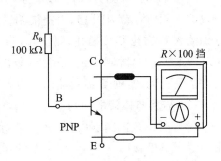

附图 C-5　万用表判别 PNP 型
集电极和发射极

2. 硅管与锗管的判别

判别方法与二极管判别硅管还是锗管相同。测试方法如下。

　　① 用 R×100 或 R×10 挡测发射结的正向电阻,根据表针偏转的百分数估算出其正向压降,正向压降在 0.1～0.3 V 为锗管,在 0.5～0.7 V 为硅管。

　　② 用万用表的 R×100 挡,测集—基、射—基间的正向电阻,对硅管而言,此值约为几千欧,对锗管而言,此值约为几百欧。用万用表的 R×1 k 挡,测集—基、射—基间的反向电阻,对硅管而言,此值约为 500 kΩ,对锗管而言,此值约为 100 kΩ。

　　③ 用一节干电池和 5.1 kΩ 限流电阻串联起来,接在 B、E 极上,如被测三极管为 NPN 型,万用表置于直流电压 1 V 或 2.5 V 挡,测发射结上的正向压降。若测得电压为 0.1～0.3 V,则为锗管;若电压为 0.5～0.7 V,则为硅管。如果被测三极管为 PNP 型,则把电池极性和万用表的红、黑表笔对调来测。

3. 用数字万用表测三极管

数字万用表测量三极管的方法与指针式万用表相差很大,不宜用电阻挡进行测试,而是使用二极管挡和 h_{FE} 挡测量。使用数字万用表可以简便地区分硅管还是锗管、NPN 型还是 PNP 型,判定三极管的三个电极名称及测量电流放大系数 h_{FE} 的值。

(1) 管型的判别

① 管型判别　判别是 NPN 型管还是 PNP 型管时,将数字万用表置于二极管挡,假设某一电极为被测管的基极。用黑表笔接这一选定的基极,用红表笔依次触碰其余两个电极。如果两次测量基本相等,如都在 1 V 以下或都指示溢出,表明假设正确,黑表笔接的是基极。否则,说明假设错误,黑表笔接的不是基极,应重新假设和测量,直至判出基极。

在上述测量中,若黑表笔接的确实是基极,且两次测量结果都是小于 1 V,说明被测管子为 PNP 型管,若两次测量结果都显示溢出,则表明被测管为 NPN 型管。

② C 极和 E 极的判别　按上述判别管型和 B 极之后,将数字万用表置于与管型一致的 PNP 挡或 NPN 挡,再把被测管的 B 极插入 h_{FE} 插座的 B 插孔,其余两个电极分别插入 C 插孔和 E 插孔,测出 h_{FE} 值。然后把 C 插孔和 E 插孔中的电极交换位置再测一次 h_{FE},两次测得 h_{FE} 值大小会相差很大,测得 h_{FE} 值较大的一次,说明引脚插入方法是正确的,即 E 插孔插的是发射极 E,C 插孔插的是集电极 C。

(2) 硅管与锗管的判别

在管型和 B 极判别出后,就可进行硅管还是锗管的判别测量。测量时,数字万用表置于二极管挡。对于 NPN 型管,将红表笔接触基极,黑表笔依次接触其余两个电极时,如果显示值为 0.5～0.7 V,表明被测管为硅管;如果显示值为 0.1～0.35 V,表明被测管为锗管。对于 PNP 型管,应该将黑表笔接触基极 B,红表笔依次接触其余两个电极,判断方法同 NPN 型管。在测量中少数硅管的 PN 结正向压降显示在 1 V 左右,这是正常的,不表明三极管已损坏。

(3) 三极管电流放大系数 h_{FE} 的测量

测量时,将万用表的旋钮置于 h_{FE} 挡,选择与管型一致的 PNP 挡或 NPN 挡的插孔。再将被测管的 B 极、E 极和 C 极分别对应插入 h_{FE} 测试插座 B、E、C 插孔。这时屏上显示的数值即被测管的 h_{FE} 值。在测量 h_{FE} 时,若发现测出 h_{FE} 的值很小(h_{FE} 值一般为几十到几百),有可能是将 C 极、E 极插反了,可将 C 极、E 极对调再测。两次测量都没有显示或数值很小,则说明此三极管已损坏。

4. 三极管质量好坏的测量

三极管的质量好坏,可以从两个 PN 结的正、反向电阻,穿透电流 I_{CEO} 和电流放大系数 h_{FE} 反映出来。

测量结电阻判别一个三极管的好坏,仅测量发射结(以下称 E 结)和集电结(以下称 C 结)的正、反向电阻还是不够的。有些损坏的三极管,E 结和 C 结的正、反向电阻看不出有什么异常,而在测量其 C 极、E 极间正、反向的电阻时才发现问题。所以要判别三极管是否好用,除测量 E 结、C 结正、反向电阻外,还必须对 C 极、E 极间正、反向电阻进行测量。测量时,万用表置于 R×1k 或 R×100 挡。质量良好的中、小功率三极管,对于硅管,E 结和 C 结的反向电阻在几百千欧以上,正向电阻在几百欧至 1 000 Ω。C、E 间的正向电阻(NPN 型管是黑表笔接 C 极,红表笔接 E 极,PNP 型管则与此相反),一般应在 50 kΩ 以上。C、E 间的反向电阻(NPN 型管是红表笔接 C 极,黑表笔接 E 极,PNP 型管与此相反)比正向电阻要大一些。对于硅管,由于 PN 结的正向压降比锗管大,测得 E、C 结的正向电阻比锗管也要大一些,用 R×1 k 挡测可达数千欧。而由于硅管的 PN 结反向电流远小于锗管,其 E、C 结的反向电阻比锗管大得多,一般应接近无穷大。C、E 间的正、反向电阻也都接近无穷大。

测试时,若测得 E、C 结的正向电阻无穷大,说明 E、C 结内部断路,如果测得数值为零,说明内部短路;若测得反向电阻很小或为零,说明管子内部击穿短路。若测得 E、C 结的正、反向电阻均正常,而 C、E 间正、反向电阻均很小或等于零,说明三极管已坏,不能再使用。

附录 D　Multisim 10 仿真软件的使用

一、Multisim 10 的基本界面

1. Multisim 10 的主窗口

单击"开始"→"程序"→"National Instruments"→"Circuit Design Suite 10.0"→"Multisim"选项,启动 Multisim 10,可以看到附图 D-1 所示的 Multisim 10 的主窗口。

Multisim 10 的主窗口如同一个实际的电子实验台。屏幕中央区域最大的窗口就是电路工作区,电路工作窗口上方是菜单栏、工具,电路工作窗口两边是元器件栏和仪器仪表栏。按下电路工作窗口的上方的"启动/停止"开关或"暂停/恢复"按钮可以方便地控制实验的进程。

2. Multisim 10 的工具栏

Multisim 10 的工具栏如附图 D-2 所示,附图中示出了各个按钮的图形。

3. Multisim 10 的元器件库

Multisim 10 提供了丰富的元器件库,元器件库栏和名称如附图 D-3 所示。

用鼠标左键单击元器件库栏的某一个图标即可打开该元件库。其元件库包含了电源/信号源库、基本器件库、二极管库、晶体管库、模拟集成电路库、TTL 数字集成

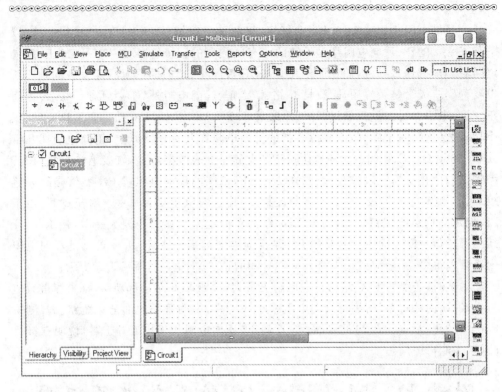

附图 D-1　Multisim 10 仿真软件主窗口

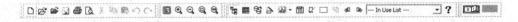

附图 D-2　工具栏

附图 D-3　元器件库栏

电路库、CMOS 数字集成电路库、数字器件库、数模混合集成电路库、指示器件库、电源器件库、其他器件库、键盘显示器库、机电类器件库、微控制器库和射频元器件库16 个子库。

4. Multisim 10 的仪器仪表库

仪器仪表库的图标及功能如附图 D-4 所示。

附图 D-4　仪器仪表库

二、Multisim 10 的基本操作方法

1. 文件(File)基本操作

与 Windows 一样,用户可以用鼠标或快捷键打开 Multisim 的 File 菜单。使用鼠标可按以下步骤打开 File 菜单:

① 将鼠标器指针指向主菜单 File 项;

② 单击鼠标左键,此时,屏幕上出现 File 子菜单。Multisim 的大部分功能菜单也可以采用相应的快捷键进行快速操作。

2. 编辑(Edit)的基本操作

编辑(Edit)菜单是 Multisim 用来控制电路及元器件的菜单。菜单中包括:

① 顺时针旋转(Edit→Orientation→90 Clockwise),快捷键 Ctrl+R;

② 逆时针旋转(Edit→Orientation→ 90 CounterCW)快捷键 Shift+Ctrl+R;

③ 水平反转 (Edit→Orientation→ Flip Horizontal);

④ 垂直反转(Edit→Orientation→Flip Vertical);

⑤ 元件属性(Edit→Properties)快捷键 Ctrl+M 等操作。

3. 创建子电路(Place →New Subcircuit)

子电路是由用户自己定义的一个电路(相当于一个电路模块),可存放在自定元器件库中供电路设计时反复调用。利用子电路可使大型的、复杂系统的设计模块化、层次化,从而提高设计效率与设计文档的简洁性、可读性,实现设计的重用,缩短产品的开发周期。

(1) 子电路的创建

Place 操作中的子电路(New Subcircuit)菜单选项,可以用来生成一个子电路。步骤如下:

① 首先在电路工作区连接好一个电路;

② 然后用拖框操作(按住鼠标左键,拖动)将电路选中;这时框内元器件全部选中。用鼠标器单击 Place →New Subcircuit 菜单选项,即出现子电路对话框;

③ 输入电路名称如 BX(最多为 8 个字符,包括字母与数字)后,用鼠标单击"OK"选项,生成一个子电路图标;

④ 用鼠标单击 File→Save 选项或用 Ctrl+S 操作,可以保存生成的子电路。用鼠标单击 File→Save As 选项,可将当前子电路文件换名保存。

(2) 在电路工作区内输入文字

启动 Place 菜单中的 Text 命令(Place→Text),然后用鼠标单击需要放置文字的位置,可以在该处放置一个文字块,在文字输入框中输入所需要的文字,文字输入框会随文字的多少会自动缩放。文字输入完毕后,用鼠标单击文字输入框以外的地方,文字输入框会自动消失。如果需要改变文字的颜色,可以用鼠标指向该文字块,单击

鼠标右键弹出快捷菜单。选取 Pen Color 命令,在"颜色"对话框中选择文字颜色。注意:选择 Font 可改动文字的字体和大小。

(3) 输入注释(Place→Comment)

注释描述框的操作很简单,写入时,启动 Place 菜单中的 Comment 命令(Place→Comment),打开对话框,在其中输入需要说明的文字,可以保存和打印所输入的文本。

(4) 编辑图纸标题栏(Place→Title Block)

用鼠标单击 Place 菜单中的 Title Block(Place→Title Block),则打开一个标题栏文件选择对话框。

三、Multisim 10 电路创建的基础

1. 元器件的操作

(1) 元器件的选用

选用元器件时,首先在元器件库栏中用鼠标单击包含该元器件的图标,打开该元器件库。然后从选中的元器件库对话框中,用鼠标单击将该元器件,然后单击"OK"即可,用鼠标拖曳该元器件到电路工作区的适当地方即可。

(2) 选中元器件

在连接电路时,要对元器件进行移动、旋转、删除、设置参数等操作,这就需要先选中该元器件。要选中某个元器件可使用鼠标的左键单击该元器件。被选中的元器件的四周出现 4 个黑色小方块(电路工作区为白底),便于识别。对选中的元器件可以进行移动、旋转、删除、设置参数等操作。用鼠标拖曳形成一个矩形区域,可以同时选中在该矩形区域内包围的一组元器件。要取消某一个元器件的选中状态,只需单击电路工作区的空白部分即可。

(3) 元器件的移动

用鼠标的左键点击该元器件(左键不松手),拖曳该元器件即可移动该元器件。

要移动一组元器件,必须先用前述的矩形区域方法选中这些元器件,然后用鼠标左键拖曳其中的任意一个元器件,则所有选中的部分就会一起移动。元器件被移动后,与其相连接的导线就会自动重新排列。

选中元器件后,也可使用箭头键使之作微小的移动。

(4) 元器件的旋转与反转

对元器件进行旋转或反转操作,需要先选中该元器件,然后单击鼠标右键或者选择菜单 Edit,选择菜单中的 Flip Horizontal(将所选择的元器件左右旋转)、Flip Vertical(将所选择的元器件上下旋转)、90 Clockwise(将所选择的元器件顺时针旋转90°)、90 CounterCW:(将所选择的元器件逆时针旋转90°)等菜单栏中的命令。也可使用 Ctrl 键实现旋转操作。Ctrl 键的定义标在菜单命令的旁边。

(5) 元器件的复制、删除

对选中的元器件,进行元器件的复制、移动、删除等操作,可以单击鼠标右键或者使用菜单 Edit→Cut(剪切)、Edit→Copy(复制)和 Edit→Paste(粘贴)、Edit→Delete(删除)等菜单命令实现元器件的复制、移动、删除等操作。

(6) 元器件标签、编号、数值、模型参数的设置

在选中元器件后,双击该元器件,或者选择菜单命令 Edit→Properties(元器件特性)会弹出相关的对话框,可供输入数据。

器件特性对话框具有多种选项可供设置,包括 Label(标识)、Display(显示)、Value(数值)、Fault(故障设置)、Pins(引脚端)、Variant(变量)等内容。

2. 电路图选项的设置

选择 Options 菜单中的 Sheet Properties(工作台界面设置)(Options→Sheet Properties)用于设置与电路图显示方式有关的一些选项。

3. 导线的操作

(1) 导线的连接

在两个元器件之间,首先将鼠标指向一个元器件的端点使其出现一个小圆点,按下鼠标左键并拖曳出一根导线,拉住导线并指向另一个元器件的端点使其出现小圆点,释放鼠标左键,则导线连接完成。

连接完成后,导线将自动选择合适的走向,不会与其他元器件或仪器发生交叉。

(2) 连线的删除与改动

将鼠标指向元器件与导线的连接点使出现一个圆点,按下左键拖曳该圆点使导线离开元器件端点,释放左键,导线自动消失,完成连线的删除。也可以将拖曳移开的导线连至另一个接点,实现连线的改动。

(3) 改变导线的颜色

在复杂的电路中,可以将导线设置为不同的颜色。要改变导线的颜色,用鼠标指向该导线,单击右键可以出现菜单,选择 Change Color 选项,出现颜色选择框,然后选择合适的颜色即可。

(4) 在导线中插入元器件

将元器件直接拖曳放置在导线上,然后释放即可插入元器件在电路中。

(5) 从电路删除元器件

选中该元器件,按下 Edit→Delete 即可,或者单击右键可以出现菜单,选择 Delete 即可。

(6) "连接点"的使用

"连接点"是一个小圆点,单击 Place Junction 可以放置节点。一个"连接点"最多可以连接来自四个方向的导线。可以直接将"连接点"插入连线中。

(7) 节点编号

在连接电路时,Multisim 自动为每个节点分配一个编号。是否显示节点编号可由 Options→Sheet Properties 对话框的 Circuit 选项设置。选择 RefDes 选项,可以选择是否显示连接线的节点编号。

4. 输入/输出端

用鼠标单击 Place 菜单中的 Connectors 选项(Place →Connectors)即可取出所需要的一个输入/输出端。

在电路控制区中,输入/输出端可以看作是只有一个引脚的元器件,所有操作方法与元器件相同。不同的是输入/输出端只有一个连接点。

四、仪器仪表的使用

Multisim 的仪器库存放有数字多用表、函数信号发生器、示波器、波特图仪、字信号发生器、逻辑分析仪、逻辑转换仪、瓦特表、失真度分析仪、网络分析仪、频谱分析仪 11 种仪器仪表可供使用,仪器仪表以图标方式存在,每种类型有多台,仪器仪表库的图标如附图 D-5 所示。

1. 仪器的选用、连接与仪器参数的设置

(1) 仪器选用

从仪器库中将所选用的仪器图标,用鼠标将它"拖放"到电路工作区即可,类似元器件的拖放。

(2) 仪器连接

将仪器图标上的连接端(接线柱)与相应电路的连接点相连,连线过程类似元器件的连线。

(3) 设置仪器仪表参数

双击仪器图标即可打开仪器面板。可以用鼠标操作仪器面板上相应按钮及参数设置对话窗口的设置数据。

(4) 改变仪器仪表参数

在测量或观察过程中,可以根据测量或观察结果来改变仪器仪表参数的设置,如示波器、逻辑分析仪等。

2. 数字多用表(Multimeter)

数字多用表是一种可以用来测量交直流电压、交直流电流、电阻及电路中两点之间的分贝损耗,自动调整量程的数字显示的多用表。

在工具栏中单击选中数字多用表,拖动鼠标到编辑区,单击后可放置数字多用表,其面板如附图 D-5 所示。用鼠标双击数字多用表图标,弹出参数设置对话框窗口,可以设置数字多用表的电流表内阻、电压表内阻、欧姆表电流及测量范围等参数,参数设置对话框如附图 D-6 所示。

附图 D-5　数字多用表面板图　　　　附图 D-6　数字多用表参数设置对话框

3. 函数信号发生器（Function Generator）

函数信号发生器是可提供正弦波、三角波、方波三种不同波形的信号的电压信号源。用鼠标双击函数信号发生器图标，可以输出放大函数信号发生器的波形，函数信号发生器的面板如附图 D-7 所示。

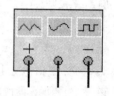

函数信号发生器其输出波形、工作频率、占空比、幅度和直流偏置，可用鼠标来选择波形选择按钮和在各窗口设置相应的参数来实现。频率设置范围为 1 Hz～999 THz；占空比调整值可从 1％～99％；幅度设置范围为 1 μV～999 kV；偏移设置范围为－999～999 kV。双击可打开函数信号发生器的参数设置对话框。

附图 D-7　函数信号
发生器的面板

4. 瓦特表（Wattmeter）

瓦特表用来测量交流或者直流电路的功率。用鼠标双击瓦特表的图标可以输出放大的瓦特表的波形。电压输入端与测量电路并联连接，电流输入端与测量电路串联连接，瓦特表的面板如附图 D-8 所示。

5. 示波器（Oscilloscope）

示波器是一种用来显示电信号波形的形状、大小、频率等参数的仪器。用鼠标双击示波器图标，放大的示波器的面板图如附图 D-9 所示。

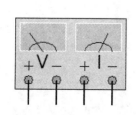

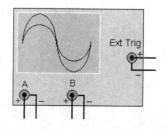

附图 D-8　瓦特表的面板　　　　附图 D-9　示波器的面板图

示波器面板各按键的作用、调整及参数的设置与实际的示波器类似。

参考文献

[1] 高吉祥. 电子技术基础实验与课程设计(第三版)[M]. 北京：电子工业出版社，2011 年 4 月.

[2] 陈光明，施金鸿，桂金莲. 电子技术课程设计与综合实训[M]. 北京：北京航空航天大学出版社，2007 年 5 月.

[3] 李万臣. 模拟电子技术基础实践教程. 哈尔滨：哈尔滨工程大学出版社，2008 年 2 月.

[4] 赵淑范，董鹏中. 电子技术实验与课程设计(第二版)[M]. 北京：清华大学出版社，2010 年 2 月.

[5] 童雅月，李书旗. 电子技术基础实验[M]. 北京：机械工业出版社，2006 年 7 月.

[6] 林善明，路正莲. 电工学实践教程[M]. 南京：河海大学出版社，2007 年 10 月.

[7] 谭海曙. 模拟电子技术实验教程[M]. 北京：北京大学出版社，2008 年 1 月.

[8] 陈飞龙. 使用集成运放 LM324 制作正弦波发生器[J].《电子制作》2007 年 2 月.

[9] 马克联，张宏. 万用表实用检测技术[M]. 北京：化学工业出版社，2006 年 8 月.